Ahmed Snoussi
Mélika Mankai
Hayet Ben Haj Koubaier

Citrinos: Controlo biológico de microrganismos

Ahmed Snoussi
Mélika Mankai
Hayet Ben Haj Koubaier

Citrinos: Controlo biológico de microrganismos

Atividade antimicrobiana de alguns óleos essenciais em estirpes de contaminação de citrinos

ScienciaScripts

Imprint

Any brand names and product names mentioned in this book are subject to trademark, brand or patent protection and are trademarks or registered trademarks of their respective holders. The use of brand names, product names, common names, trade names, product descriptions etc. even without a particular marking in this work is in no way to be construed to mean that such names may be regarded as unrestricted in respect of trademark and brand protection legislation and could thus be used by anyone.

Cover image: www.ingimage.com

This book is a translation from the original published under ISBN 978-620-6-69548-6.

Publisher:
Sciencia Scripts
is a trademark of
Dodo Books Indian Ocean Ltd. and OmniScriptum S.R.L publishing group

120 High Road, East Finchley, London, N2 9ED, United Kingdom
Str. Armeneasca 28/1, office 1, Chisinau MD-2012, Republic of Moldova, Europe
Printed at: see last page
ISBN: 978-620-7-30270-3

Lista de abreviaturas

OE: óleo e s s e n c i a l

DMSO: Dimetilsulfóxido

GN: ágar nutriente

SAB: Sabouraud

E.coli*: Escherichia coli*

B.cereus*: Bacillus cereus*

S.aureus*: Staphylococcus aureus*

S.thyphi*: Salmonella thyphimurium*

S.sonnei *: Shigella sonnei*

P. aeruginosa*: Pseudomonas aeruginosa*

T.spp:

USDA: Departamento de Agricultura dos Estados Unidos

DGPA: Direction Générale de la Production Agricole (Direção-Geral da Produção Agrícola)

INS: Instituto Nacional de Estatística

Conteúdo

Introdução geral

A cultura de citrinos está classificada entre as principais culturas de frutas em todo o mundo, bem como na Tunísia, esta importância é atribuída ao papel principal que esta cultura desempenha a nível económico; a elevada qualidade nutricional dos citrinos e a sua riqueza em vitaminas, bem como as condições edafoclimáticas favoráveis, dão mais uma razão para o desenvolvimento desta cultura no mundo (Benaissat F et al.2015) [1].

Constituem o principal sector de produção de frutos do mundo. A bacia mediterrânica ocupa o segundo lugar e apresenta uma grande diversidade de condições edafoclimáticas (Jacquemond et al.2002) [2]

Os citrinos incluem todos os grupos de árvores de citrinos: laranjas, clementinas, mandarinas, limões e pomelos (Jacquemond et al. 2002) [2].

A infeção dos citrinos pelo agente patogénico pode ocorrer tanto antes como depois da colheita. As infecções dos citrinos são iniciadas por contaminação no campo, alguns dias a várias semanas antes da colheita. Estas infecções são favorecidas, entre outros factores, por uma elevada taxa de inoculação no ar e por uma humidade elevada. A deterioração pode ser limitada por condições ambientais desfavoráveis e também pela resistência da casca do fruto (Douyle et al. 1990) [3].

Os pontos de entrada dos agentes patogénicos durante e após a colheita dos citrinos (armazenamento) são as feridas e as micro-lesões acidentais (FARBER et al. 1989) [4].

As doenças de origem alimentar resultantes do consumo de alimentos contaminados com bactérias patogénicas têm sido uma preocupação vital para a saúde pública. Atualmente, existe um debate animado sobre os aspectos de segurança dos conservantes químicos, uma vez que estes são considerados responsáveis por numerosos atributos cancerígenos, bem como pela toxicidade residual (M.Oussalah et al.2007) [5]

Por estas razões, a utilização de produtos naturais como compostos antibacterianos para a conservação de alimentos está a receber cada vez mais atenção devido à sensibilização dos consumidores para os produtos alimentares naturais e à crescente preocupação com a resistência microbiana aos conservantes convencionais (Sabrine et al.2016) [6]

De facto, estes produtos naturais parecem ser uma forma interessante de controlar a presença de bactérias patogénicas e de prolongar o prazo de validade dos alimentos processados. Entre estes produtos, os óleos essenciais (OE) de especiarias, plantas medicinais e ervas aromáticas demonstraram possuir atividades antimicrobianas e podem servir como fonte de agentes antimicrobianos contra agentes patogénicos alimentares (Sabrine et al.2016) [6].

Os óleos essenciais e os seus compostos são conhecidos por serem activos contra uma grande variedade de microrganismos, incluindo Gram-negativos e Gram-positivos (Sabrine et al.2016) [6]

As bactérias Gram-negativas foram geralmente consideradas mais resistentes do que as bactérias Gram-positivas aos efeitos antagónicos dos óleos essenciais devido aos lipopolissacarídeos presentes na membrana externa, mas isto nem sempre foi verdade (Sabrine et al.2016) [6]

A atividade antimicrobiana dos óleos essenciais é atribuída a uma série de pequenos terpenóides e compostos fenólicos (timol, carvacrol, eugenol), que também no seu estado puro exibem uma forte atividade antibacteriana (Sabrine et al.2016) [6]

O objetivo do projeto é satisfazer as exigências dos consumidores em termos de segurança e qualidade alimentar, melhorando simultaneamente a duração de conservação dos citrinos.

O objetivo deste estudo é investigar o efeito antibacteriano de certos óleos essenciais, como o tomilho (Thymus vulgaris), o alecrim (Romarinus officinalis), a pimenta preta (piper nigrum) e a salva (Salvia officinalis), etc., em estirpes de bactérias patogénicas como Staphylococcus aureus, Bacillus cereus, Pseudomonas sp e Escherichia coli, que estão envolvidas na deterioração da qualidade de citrinos essenciais, como ferramenta de descontaminação de citrinos.

O presente relatório está dividido em três secções:

⬇ A primeira secção é dedicada a um estudo bibliográfico sobre citrinos (microrganismos patogénicos como fontes de contaminação) e óleos essenciais.

⬇ Uma segunda secção apresenta a metodologia: materiais e métodos utilizados durante este projeto.

⬇ Finalmente, uma terceira secção foi dedicada aos resultados e à discussão. Nesta última secção, apresentamos e discutimos o efeito antibacteriano dos óleos essenciais sobre as estirpes patogénicas que contaminam os citrinos.

Revisão bibliográfica

Capítulo 1: CITRINOS

I. Informações gerais sobre os citrinos

Os citrinos, também designados por hesperidia, são árvores que produzem frutos caracterizados por uma superfície de casca (zest) rica em óleos essenciais e em óleos essenciais, e uma polpa organizada em quartos que inclui sementes e numerosos pêlos suculentos e repletos de sumo (Imbert.2005) [7].

A palavra "citrinos", de origem italiana, designa os frutos comestíveis e, por extensão, as árvores que os produzem, pertencentes ao género Citrus. As principais árvores de citrinos cultivadas p a r a a produção de frutos são: laranjas, tangerinas, clementinas, limões e pomelos. Todas estas espécies pertencem à família Rutaceae, que inclui três géneros (Poncirus, Fortunelle e o género Citrus) (Loussert et al. 1987) [8].

II. Origem e história

Os citrinos são originários da Ásia subtropical e, mais especificamente, de uma zona que se estende do nordeste da Índia ao norte da Indonésia, passando por Myanmar (Birmânia) e pelo sul da China. A primeira importação de citrinos para a região mediterrânica remonta ao século III a.C., e alguns autores datam-na da viagem épica de Alexandre Magno à Pérsia, onde se cultivava a cidreira. Chamada na altura de "maçã persa", a cidra trazida para a Grécia rapidamente conquistou o resto do Mediterrâneo. Passariam vários séculos até que outras variedades de citrinos fossem introduzidas no Ocidente. A primazia da cidreira no Ocidente e a ausência de outros citrinos durante um período que vai da Antiguidade à Idade Média são objeto de controvérsia entre historiadores e arqueólogos. Para além do Sudeste Asiático, a bacia mediterrânica é considerada como o trampolim para a difusão da cultura dos citrinos no mundo. Foi durante o comércio com a Ásia, a partir do século X, que os genoveses e os portugueses introduziram as laranjeiras, as laranjeiras azedas e os limoeiros na bacia mediterrânica. Os mouros introduziram a cultura da laranja em todo o Magrebe e no Mediterrâneo ocidental (Aissa et al. 2021) [9].

III. Produções

1. Produção mundial

De acordo com dados do Departamento de Agricultura **dos EUA (USDA)***, a produção mundial de todos os produtos cítricos totalizou mais de 90 milhões de toneladas para a temporada 2016/17, com um CAGR de 1,2% durante o período 2007-2017. Em geral, a produção mundial de citrinos pode ser dividida em quatro categorias:

Quadro 1: As quatro categorias de citrinos

	Part dans la production Mondiale
Oranges	54%
Tangerines, Mandarines	31%
Citrons	8%
Pamplemousses	7%

Fonte: Cálculos do ONAGRI baseados no USDA

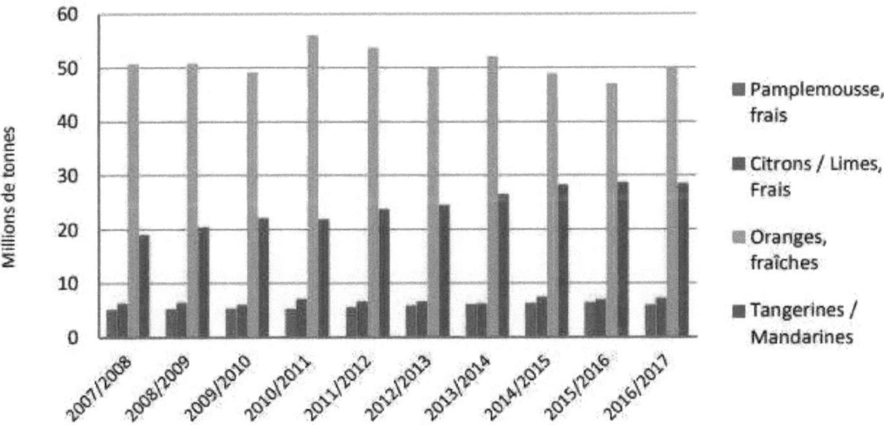

Figura 1: Tendências da produção mundial por variedade de citrinos (milhões de toneladas)

Fonte : USDA

Na última década, a produção de tangerinas aumentou 5,2%, passando de 19 TM em 2007/2008 para 29 TM em 2016/2017. Estes pequenos citrinos são produzidos principalmente na China, Espanha, Marrocos, Turquia e outros países mediterrânicos.

A China é o principal produtor mundial de citrinos, com uma quota de 34% e um volume de 29,5 milhões de toneladas, seguida do Brasil, com uma quota de 22%. A UE ocupa o terceiro lugar, seguida do México (6,7 milhões de toneladas) e dos Estados Unidos (4,6 milhões de toneladas). Marrocos ocupa o sétimo lugar, seguido da Turquia, com uma quota de 1,6%. A quota da Tunísia na produção mundial é de 0,7%.

2. Produção na Tunísia

Após o recorde de 560 mil toneladas na campanha 2016/17, a produção de citrinos na campanha 2017/2018 deverá registar uma quebra significativa de 38,2%, ou seja, 346 mil toneladas, devido às condições climatéricas desfavoráveis que coincidiram com o período de floração. Esta quebra de produção deverá ficar a dever-se à diminuição das produções de malteses (49%), clementinas (38%) e navelãs (31%).

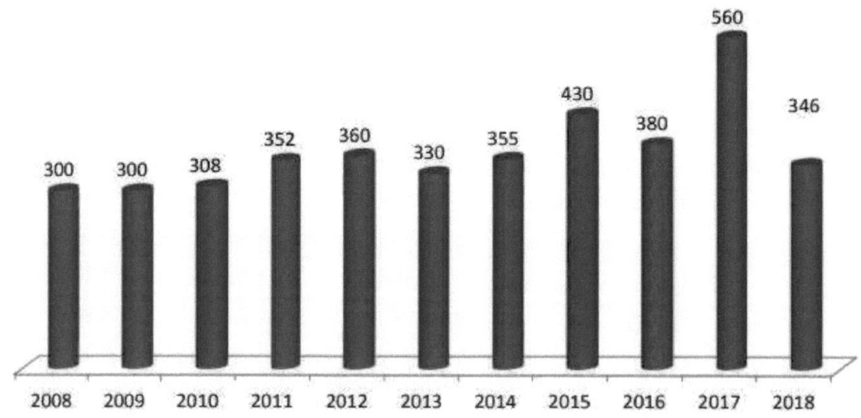

Figura 2: Tendências da produção de citrinos na Tunísia (1000 t)

Fonte: DGPA

Na Tunísia, 90% da produção de citrinos destina-se ao mercado local de consumo em fresco, que registou um crescimento constante nos últimos anos.

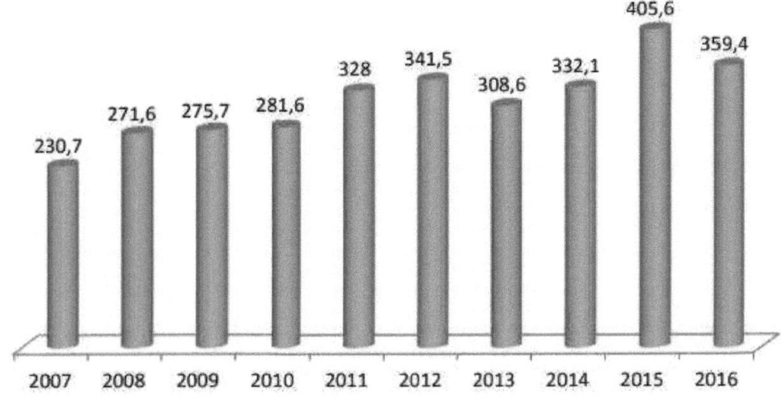

Figura 3*: Tendências do consumo de citrinos na Tunísia (1000 toneladas)*

NB: O consumo é igual à diferença entre a produção e as exportações.

Fonte: DGPA+INS

IV. <u>Microbiologia das laranjas e dos extractos de laranja</u>

O consumo de sumo de fruta aumentou significativamente nos últimos anos, uma vez que é rico em minerais e antioxidantes essenciais para uma boa saúde (Aissa et al.2021) (9).

Os sumos de fruta, como todos os alimentos ácidos, podem ser contaminados por bactérias, leveduras e bolores tolerantes aos ácidos (Aissa et al.2021) (9).

De facto, a fruta e os legumes contêm os nutrientes necessários para o crescimento microbiano, embora a frequência de envenenamento por estes vegetais seja inferior à de outros alimentos (Aissa et al.2021) (9).

As bactérias patogénicas, que durante muito tempo foram evitadas em alimentos ácidos como os s u m o s de fruta, foram, no entanto, aí detectadas: *E. coli, salmonela, shigella...* podem sobreviver durante vários dias ou mesmo semanas nestes ambientes ácidos.

1. Flora de alteração

1.1. Bactérias acéticas

Estas bactérias encontram-se frequentemente nas superfícies das plantas e podem contaminar os sumos de fruta. As espécies mais predominantes nas superfícies da fruta são Acetobacteraceti e Acetobacterpasteurianus, e as leveduras e bolores também são flora de deterioração.

1.2. Bactérias patogénicas

a. Leveduras e bolores

A contaminação dos géneros alimentícios por bolores é atualmente objeto de grande atenção devido às micotoxinas que estes microrganismos são capazes de sintetizar. Os bolores estão muito presentes na natureza (ar, solo, etc.) e podem facilmente contaminar os géneros alimentícios durante a sua produção. As leveduras acidófilas, psicrotróficas ou osmófilas podem causar alterações profundas nos géneros alimentícios (estrutura, propriedades organolépticas, etc.). A maior parte delas não são patogénicas (Aissa et al.2021) [9]

b. Escherichia coli

A E. coli é a enterobactéria predominante do trato digestivo e a sua identificação não coloca qualquer problema particular, em particular a E. coli responsável pela diarreia (Aissa et al.2021) [9].

c. Salmonella sp

A Salmonella é uma bactéria que contamina os géneros alimentícios quando as regras de higiene não são respeitadas, o que constitui um problema muito importante em microbiologia alimentar. A salmonelose continua a ser a infeção tóxica de origem alimentar mais difundida no mundo (Aissa et al.2021) [9].

d. Shigella sp

As bactérias do género Shigella são enterobactérias patogénicas estritas e a espécie Shigelladysenteriae é responsável pela disenteria bacilar ou shegelose (Aissa et al.2021) [9].

e. Bacillus cereus

Sendo bactérias termofílicas, o seu intervalo de temperatura de crescimento estende-se entre 5°C e 55°C, com um ótimo entre 30°C e 37°C. O seu pH de crescimento situa-se entre 4,5 e 9,3.

É uma espécie ubíqua que se encontra amplamente na natureza, principalmente sob a forma de esporos no solo, na superfície das plantas, nos rios ou no ar.

É também reconhecido como um agente indesejável na indústria agroalimentar pelo seu impacto nas qualidades organolépticas dos géneros alimentícios. A sua capacidade de esporulação torna-o resistente aos tratamentos térmicos e a formação de biofilmes torna-o difícil de erradicar (HAOUCHINE et al, 2017) [15].

2. Fonte de contaminação

Os microrganismos patogénicos e de deterioração podem contaminar a fruta e os produtos hortícolas de várias formas, antes ou depois da colheita (Deak et al. 1993) [19].

A contaminação é, portanto, diversa, afectando o fruto e o seu ambiente, as condições de produção, a colheita, o transporte, a prensagem e a embalagem.

i. Contaminação de culturas agrícolas

A origem desta contaminação pode ser a própria planta, o solo, os fertilizantes, as fezes dos animais, a água de rega contaminada, o ar, o ambiente.... A fruta danificada ou caída utilizada no fabrico de sumo representa um risco potencial d e contaminação, uma vez que as feridas produzidas favorecem a entrada maciça de microrganismos na fruta e a sua multiplicação.

ii. Contaminação na cadeia de produção e armazenamento

Qualquer fase da produção apresenta um risco de contaminação:

O transporte de fruta ou de sumo de fruta espremido: esta é também uma fonte de contaminação devido à presença de microrganismos nos camiões de transporte e no ambiente circundante. Para minimizar o risco, as fábricas são frequentemente construídas perto de campos, onde os sumos são prensados e concentrados, sendo depois reconstituídos noutro local. Este minimiza igualmente os custos de transporte (AFNOR, 1970) [21].

O estabelecimento de produção ou o local de armazenamento: os microrganismos podem ser introduzidos no fruto através do ar, da água, do próprio produtor (mãos, cabelos, etc.), dos centenários utilizados, das máquinas, etc. As medidas de higiene devem, portanto, ser tomadas ao mínimo indispensável (AFNOR, 1970) [21].

Capítulo 2: ÓLEOS ESSENCIAIS

I. Informações gerais sobre plantas medicinais

Foram dadas várias definições às plantas aromáticas e medicinais (PAM), e a gama destas plantas é muito longa e elástica, abrangendo a maioria das plantas espontâneas e muitas espécies de árvores e ervas cultivadas.

De acordo com (Peyron, 2000), estas diferentes plantas podem ser utilizadas, isoladamente ou em conjunto, para fins aromáticos, medicinais, cosméticos ou de perfumaria. São utilizadas sob diversas formas: em bruto, transformadas (desidratadas, congeladas), transformadas (extractos, óleos essenciais, oleorresinas, isolados). Podem também distinguir-se em função dos órgãos colhidos. Para evitar qualquer discrepância na compreensão de certas palavras-chave, adoptamos neste capítulo as definições dadas pela Organização Mundial de Saúde (OMS). (Redouane, 2020)[10].

De acordo com a OMS, "uma planta medicinal é uma planta que contém, num ou mais dos seus órgãos, substâncias que podem ser utilizadas para fins terapêuticos ou que são precursoras da hemossíntese de produtos químico-farmacêuticos". Esta definição permite distinguir entre plantas medicinais já conhecidas, cujas propriedades terapêuticas ou precursoras de certas moléculas foram cientificamente estabelecidas, e outras plantas utilizadas na medicina tradicional. (Redouane, 2020)[10]

II. Óleos essenciais

1. Definição

Os óleos essenciais são produtos com uma composição geralmente bastante complexa que contêm os princípios voláteis contidos nas plantas e modificados em maior ou menor grau durante a preparação (Redouane, 2020) [10].

Mais recentemente, a norma AFNOR NF T 75-006 (outubro de 1987) deu a seguinte definição de óleo essencial: Produto obtido a partir de uma matéria-prima vegetal, quer por destilação a vapor, quer por processos mecânicos a partir do epicarpo dos citrinos, quer por destilação a seco.

O óleo essencial (OE) é o líquido obtido de uma planta por destilação ou extração química com solventes. Apesar do seu nome, nem sempre é um líquido gordo ou oleoso. Muito utilizados na medicina alternativa (aromaterapia), os óleos essenciais estão repletos de virtudes e os seus benefícios para a saúde estão bem estabelecidos. Estima-se que cerca de 10% das plantas podem produzir óleos essenciais (Nadjib et *al.* 2019) [20].

2. Localização e desempenho

A priori, todas as plantas têm a capacidade de produzir compostos voláteis, mas geralmente apenas em quantidades vestigiais. Apenas 10% das espécies vegetais são consideradas "aromáticas" (Nadjib et al. 2019) [20].

No entanto, a capacidade de acumular OE é propriedade de certas famílias de plantas distribuídas por todo o reino vegetal, tão bem representadas pelas classes de gimnospérmicas Cupressaceae (madeira de cedro) e Pinacea (pinheiro e abeto) como a das angiospérmicas (Nadjib et al., 2019)[20].

Os OEs são secreções naturais produzidas pelas plantas e contidas em células ou partes da planta, tais como flores (rosa), copas floridas (alfazema), folhas (erva-limão), casca (canela), raízes (íris), frutos (baunilha), bolbos (alho), rizomas (gengibre) ou sementes (noz-moscada) (Nadjib et al.,2019)[20] .

Os óleos essenciais são produzidos em células glandulares especializadas, cobertas por uma cutícula (Redouane, 2020) [10].

Em seguida, são armazenados em células de óleo essencial (Lauraceae ou Zingiberaceae), em pêlos secretores (Lamiaceae), em bolsas secretoras (Myrtaceae ou Rutaceae) ou em ductos secretores (Apiacieae ou Asteraceae) (Redouane, 2020) [10].

Podem também ser transportados para o espaço intracelular quando as bolsas de essência estão localizadas nos tecidos internos (Redouane, 2020) [10].

No local de armazenamento, as gotículas de óleo essencial são envolvidas por membranas especiais constituídas por ésteres de ácidos gordos hidroxilados altamente polimerizados, combinados com grupos peróxidos (Redouane, 2020) [10].

Devido à sua natureza lipofílica e, por conseguinte, à sua permeabilidade extremamente baixa aos gases, estas membranas limitam consideravelmente a evaporação dos óleos essenciais e a sua oxidação no ar (Redouane, 2020) [10].

3. <u>Composição química</u>

A composição química das plantas aromáticas é complexa. O número de moléculas quimicamente diferentes que constituem um óleo essencial é variável, com uma grande diversidade de compostos (até 500 moléculas diferentes no óleo essencial de rosa) (Redouane, 2020) [10]

A par dos compostos maioritários (geralmente entre 2 e 6), existem compostos minoritários e um certo número de constituintes sob a forma de vestígios (Redouane, 2020) [10].

Têm uma massa molecular relativamente baixa (terpenos: 136 u.m.a., terpinóis: 154 u.m.a., e sesquiterpenos: 200 u.m.a.), o que lhes confere um carácter volátil e está na base das suas propriedades olfactivas. O HE é constituído por duas fracções (Redouane, 2020) [10].

A primeira fração, denominada fração volátil (FV), está presente em diferentes órgãos vegetais consoante a família; esta fração é composta por metabolitos secundários que constituem o óleo essencial (Redouane, 2020) [10].

A segunda fração não volátil da planta, os compostos orgânicos não voláteis (COVN), é essencialmente constituída por cumarinas, flavonóides, compostos acetilénicos e polifenóis, que desempenham um papel fundamental na atividade biológica da planta (Redouane, 2020) [10].

As plantas aromáticas são invulgares na medida em que os seus órgãos secretores contêm células que geram metabolitos secundários, mostrando claramente como moléculas altamente voláteis são sintetizadas a partir de unidades de 2-metil-1-buta,3-dieno (isopreno) e onde as reacções de adição destas unidades conduzem a terpenos, sesquiterpenos, diterpenos e aos seus produtos de oxidação, como álcoois, aldeídos, cetonas, éteres e ésteres de terpenos (Redouane, 2020) [10].

Todos estes produtos são acumulados nas células secretoras, dando à planta um odor caraterístico (Redouane, 2020) [10].

3.1. Terpenóides

Os terpenos são moléculas altamente voláteis que ocorrem frequentemente na natureza, especialmente nas plantas, onde são os principais constituintes dos óleos essenciais (Redouane, 2020) [10].

Os terpenos são derivados do acoplamento de pelo menos 2 subunidades isoprénicas de 5 carbonos (Redouane, 2020) [10].

3.2. Compostos aromáticos

Outra classe de compostos voláteis frequentemente encontrados são os compostos aromáticos derivados do fenilpropano (Redouane, 2020) [10].

Esta classe inclui compostos odoríferos bem conhecidos, como a vanilina, o eugenol, o anetol, o estragol e muitos outros (Redouane, 2020) [10].

São mais frequentes nos óleos essenciais das Apiaceae (salsa, anis, funcho, etc.) e são característicos dos óleos de cravinho, baunilha, canela, manjericão, estragão, etc. (Redouane, 2020) [10].

4. Propriedades físico-químicas dos óleos essenciais

Os óleos essenciais são líquidos a temperaturas normais, com um odor aromático muito pronunciado, e são geralmente incolores ou amarelo-pálido, com exceção de alguns óleos essenciais como o óleo de Yarrow e o óleo de Matricaria (Redouane, 2020) [10].

Caracterizam-se por uma cor azul a azul-esverdeada devido à presença de azuleno e chamazuleno (Redouane, 2020) [10].

A maioria dos óleos essenciais tem uma densidade inferior à da água e é permeável ao vapor de água; há, no entanto, excepções, como os óleos essenciais de sassafrás, cravinho e canela, cuja densidade é superior à da água (Redouane, 2020) [10].

5. Actividades biológicas

Os óleos essenciais são conhecidos pelas suas propriedades anti-sépticas e antimicrobianas, e muitos deles têm propriedades antitóxicas, antivenenos, antivirais, antioxidantes e antiparasitárias. Mais recentemente, foram também reconhecidas as suas propriedades anti-cancerígenas (Lahlou et al. 2004).

5.1. Poder antifúngico

Nos sectores fitossanitário e agroalimentar, os óleos essenciais ou os seus compostos activos podem também ser utilizados como agentes protectores contra fungos fitopatogénicos e microrganismos que invadem os géneros alimentícios (LisBalchin, 2002)[22].

Nos sectores fitossanitário e agroalimentar, os óleos essenciais ou os seus compostos activos podem também ser utilizados como agentes protectores contra fungos fitopatogénicos e microrganismos que invadem os géneros alimentícios (Abed et *al.* 2021) [23].

5.2. Poder antibacteriano

De acordo com (Benayad, 2008), os fenóis (carvacrol, timol) têm o coeficiente antibacteriano mais elevado, seguidos dos monoterpenóis (geraniol, mentol, terpineol), dos aldeídos (neral, geranial), etc. Exemplo: OE de orégãos, OE de timol de tomilho (doctissimo.fr, 04-2020).

Os OEs (óleos essenciais) mais estudados pelas suas propriedades antibacterianas pertencem às Labiatae: os orégãos, o tomilho, a salva, o alecrim e o cravinho são plantas aromáticas com óleos essenciais ricos em compostos fenólicos como o eugenol, o timol e o carvacrol (Abed et *al.* 2021) [23]. Estes compostos têm uma forte atividade antibacteriana. O carvacrol é o mais ativo de todos (Abed et *al.* 2021) [23].

Os compostos com maior eficácia antibacteriana e espetro mais amplo são os fenóis: timol, carvacrol e eugenol. O carvacrol é o mais ativo de todos e é conhecido por não ser tóxico; é utilizado como conservante e aromatizante alimentar em bebidas, doces e outras preparações. O timol é o ingrediente ativo dos elixires bucais. O eugenol é utilizado em produtos cosméticos, alimentares e dentários. Estes compostos têm um efeito antibacteriano contra um amplo espetro de bactérias, incluindo Escherichia coli, Bacillus cereus, Listeria monocytogenes, Salmonella enterica, Clostridium jejunii, Lactobacilluss sakei, Staphylococcus aureus e Helicobacter pylori (Fabian et al., 2006) [24].

6. <u>Métodos de extração de óleos essenciais</u>

=> Extração por hidrodestilação.

=> Extração a vapor.
=> Hidrodifusão.

=> Expressão fria.

=> Extração por solventes.
=>Extração por gorduras.

=> Extração por micro-ondas.

Foi utilizado um método de hidrodestilação.

6.1. Extração por hidrodestilação

Este é o método mais simples e, por conseguinte, o mais antigo: o material vegetal é imerso diretamente num alambique cheio de água colocado sobre uma fonte de calor, o conjunto é levado à ebulição, os vapores heterogéneos são condensados num refrigerador e o óleo essencial é separado do hidrossol por uma simples diferença de densidade, sendo o óleo essencial mais leve (Paupardin et al., 1990) (25).

7. Toxicidade dos óleos essenciais

Os óleos essenciais são produtos de alto risco. A toxicidade resulta da presença de certas moléculas aromáticas para as quais foram identificados riscos na sequência de testes: a família das cetonas: (neurotoxicidade e risco abortivo), a família dos fenóis e dos aldeídos: (dermocausticidade, hepatotoxicidade, irritação das mucosas respiratórias, desencadeamento de crises de asma), a família das furocumarinas e pirocumarinas: (reacções eritematosas sob luz solar prolongada), a família dos monoterpenos: (inflama e deteriora os néfrons) (Aomari et al.,2018) (24).

No mundo atual dos produtos naturais, estas substâncias não devem ser utilizadas de forma abusiva. Tal como acontece com um medicamento, para cada óleo essencial existe um equilíbrio entre benefício e risco que também deve ser considerado de acordo com o assunto (Aomari et al. 2018) (24).

8. <u>Regulamentos</u>

A partir do momento em que o fabricante indica que um óleo essencial se destina a ser ingerido, este deve ser de qualidade alimentar. Existem dois tipos de utilização neste domínio:

➤ Óleos comercializados para uso aromático

Muitos óleos essenciais podem ser utilizados na culinária. Os regulamentos europeus relativos aos aromas estabelecem uma série de disposições, incluindo as relativas à rotulagem e às obrigações dos responsáveis pela primeira colocação dos produtos no mercado (Regulamento (CE) n.º 1334/2008).

Os óleos essenciais de plantas cuja utilização é reconhecida para o fabrico de aromas podem, por conseguinte, ser utilizados nos géneros alimentícios, desde que a sua dose de utilização seja compatível com a utilização como aromatizante (da ordem de 2% no máximo) (Regulamento (CE) n.º 1334/2008).

➤ Óleos comercializados como suplementos alimentares

Certos óleos essenciais podem ser utilizados como complemento da alimentação normal.

Neste caso, a regulamentação impõe a sua declaração à DGCCRF. As alegações de saúde feitas sobre estes produtos estão igualmente sujeitas a autorização prévia (Regulamento (CE) n.º 1829/03). Em função da sua composição e da sua apresentação, um óleo essencial destinado ao consumidor pode ser considerado um medicamento, um cosmético ou um género alimentício.

Materiais e métodos

I.   <u>Materiais biológicos</u>

Os frutos, objeto do nosso estudo, provêm de plantas frutíferas pertencentes às espécies seguintes:

* **Clementina** (Citrus clementina Hort. ex. Tan.), **Mandarina** (Citrus reticulata Blanco), **Laranja** (Citrus sinensis Osb), **Limão** (Citrus limon L.), **Pomelo** (Citrus paradisi Macf.) (Khaled.2020) [16]

1. <u>Amostragem</u>

Citrinos: para o controlo dos citrinos, escolhemos os seguintes níveis:

- estação de receção de citrinos

- estação de escovagem

-Lavagem antes e depois da saída.

-armazenamento de citrinos (citrinos com bolor)

Toma-se 1 kg de fruto como amostra representativa. Os frutos são lavados com água destilada esterilizada a uma taxa de 250 ml por 1 kg de amostra.

A análise da água de lavagem dá-nos uma indicação do grau de contaminação do fruto por estirpes patogénicas (bactérias ou fungos). (Khaled.2020) [16]

2. <u>Análise microbiológica de citrinos</u>

2.1.   Enumeração da microflora de sumos e frutos.

Realiza-se uma série de diluições do sumo semi-acabado ou da água de lavagem para obter uma suspensão bacteriana contável num meio sólido numa placa de Petri. Diluições de 10 em 10 são efectuadas. A inoculação também pode ser efectuada utilizando o método de inoculação em massa, mas este método subestima a dimensão da população, porque as estirpes que são muito exigentes em termos de oxigénio não se desenvolvem. Em princípio, cada estirpe viva introduzida na massa de um meio de ágar favorável dá origem a uma colónia que pode ser vista a olho nu. Por conseguinte, se um produto ou a sua diluição for inoculado neste meio de cultura, o número de colónias desenvolvidas corresponde ao número de microrganismos presentes no volume inoculado (Khaled.2020) [16].

i. Investigação de leveduras e bolores

Como funciona

A flora fúngica foi contada em Sabouraud. Uma amostra de 10 ml de

Após a solidificação, as placas são inoculadas com 0,1 ml da solução de sumo de superfície e incubadas a 37°C durante 3-10-15 dias.

ii. Testes para Escherichia coli

Como funciona

Deitar 15 ml de ágar Hekteon em placas de Petri vazias para a contagem liquefeita a 37C, misturar bem e deixar solidificar.

Após a solidificação, estas placas são inoculadas com 1 ml da solução de sumo de superfície (Aissa et al.2021) [9].

iii. Testes para Staphylococcus aureus

Como funciona

Deitar 15 ml de ágar Baird Parker em placas de Petri para a contagem liquefeita a 37°C, misturar bem e deixar solidificar.

Após a solidificação, estas placas são inoculadas com 0,1 ml da solução de sumo na superfície (Aissa et al.2021) [9]

iv. Testes para deteção de Salmonella sp

Como funciona

O enriquecimento de salmonelas é efectuado num caldo de enriquecimento com selenito. Por outro lado, o meio SS agar deve ser derretido e vertido nas placas de Petri (duas placas por diluição), seguido de inoculação superficial com meio Hekteon. Incubação das placas de Petri inoculadas a 37°C durante 24 a 48 horas (Aissa et al.2021) [9]

v. Pesquisa de Shigella sp

Como funciona

O ágar Hekteon foi inicialmente utilizado para testar tanto a Salmonella como a Shigella, mas a Shigella cresce muito melhor em ágar Hekteon. (Aissa et al.2021)[9].

2.2. Identificação

As bactérias são identificadas em quatro fases:

- Exame das características macroscópicas da colónia bacteriana (forma, relevo, odor, contorno, tamanho e cor);
- Exame das características microscópicas (coloração de Gram, forma dos germes) ;
- Investigação das características bioquímicas (Catalase, Oxidase...) ;
- Confirmação de determinadas estirpes através da galeria api.

2.2.1. Estudo macro e microscópico

❖
Observação das colónias

Após a incubação, foram anotadas todas as características macroscópicas das colónias.

- Forma das colónias: circular, irregular ou rizoide.
- Aspeto: punctiforme (< 1mm de diâmetro), médio, grande ou invasivo.
- Opacidade: transparência, translucidez.
- Elevação: plana, convexa, centrada, colónia elevada.
- Superfície: lisa, rugosa, baça, brilhante, seca, pulverulenta, enrugada, cremosa.
- Bordos: inteiros, ondulados, lobados, dentados, rizóides, crenelados.
- Consistência: viscosa ou granulosa.
- Odor: presença ou ausência de um odor caraterístico.

Após a purificação, cada tipo de colónia é colocado num tubo de caldo nutritivo estéril.

❖
Observação microscópica

Depois de uma bactéria ter sido isolada, é necessário identificá-la. É feita uma classificação inicial com base nas características morfológicas e culturais, sendo depois efectuada a identificação da espécie utilizando meios de identificação. Alguns meios de identificação são específicos para determinados germes, enquanto outros podem ser utilizados para muitos germes. A primeira condição a cumprir é dispor de um germe em estado "puro" e de uma cultura abundante e suficiente para inocular diferentes meios de identificação.

2.2.2. Coloração de Gram

As bactérias não branqueadas pelo álcool são conhecidas como Gram-positivas e têm um aspeto púrpura, ao passo que as bactérias Gram-negativas, branqueadas pelo álcool e recoloridas pelo corante de contraste, têm um aspeto cor-de-rosa. Estes dois comportamentos resultam de uma diferença fundamental na composição e estrutura da parede. Ao contrário das paredes das bactérias Gram-negativas, as paredes das bactérias Gram-positivas formam uma barreira que impede o álcool de descolorir o citoplasma onde a reação tem lugar.

➢
Preparação do esfregaço

- Colocar 1 gota de água esterilizada numa lâmina de vidro utilizando uma pipeta esterilizada

- Retirar uma colónia bacteriana ou fúngica com uma ansa esterilizada e misturá-la com uma gota de água.

- Deixar secar ao ar.

➢
Realizar uma coloração de Gram

- O esfregaço fixado é corado durante 1 minuto com uma solução de violeta de genciana (60s)

- Em seguida, é enxaguado sob um fio de água limpa.

- É adicionada uma solução de iodeto de Lugol para atuar como "mordente" e o esfregaço é mantido neste meio durante 1 minuto.

- Depois de lavar com água limpa

- verter, gota a gota, uma mistura de álcool e acetona sobre a lâmina inclinada (durante 20 segundos).

- Assim que o solvente ficar transparente, interromper imediatamente a sua ação, enxaguando abundantemente com água e escorrendo bem.

- O esfregaço é então corado com uma solução de safranina durante 30 segundos,

- enxaguado abundantemente com água limpa

- e secar ao ar livre ou suavemente entre duas folhas de papel absorvente.

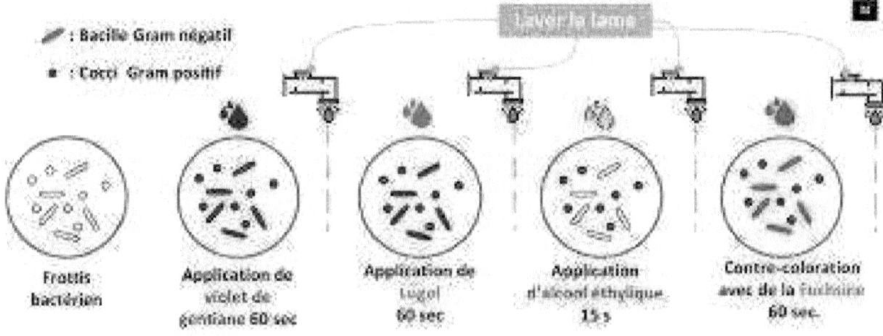

Figura 4: Protocolo de coloração de Gram

➤
Observar o esfregaço corado ao microscópio (40x e 100x)

As bactérias não branqueadas pelo álcool são consideradas Gram-positivas; têm um aspeto púrpura, enquanto as bactérias Gram-negativas, branqueadas pelo álcool e recobertas pelo corante de contraste, têm um aspeto cor-de-rosa. As leveduras e os filamentos miceliais são Gram-positivos.

2.2.3. Actividades bioquímicas

Procurar a atividade enzimática para orientar o diagnóstico. Efetuar o teste adequado (catalase ou citocromo oxidase) em função do tipo de bactéria que se encontra na cultura: concha gram-positiva ou bacilo gram-negativo.

Produção de catalase

Princípio

- Destacada pela produção de oxigénio (teste positivo) quando as bactérias são bacilos ou cocos Gram-positivos.

Utilidade do teste

- diferenciação de bactérias Gram-positivas com casca

Como funciona

- O teste consiste em transferir, com uma oese, um fragmento de colónia para uma gota de peróxido de hidrogénio colocada numa lâmina de vidro: a presença de catalase provoca o aparecimento de bolhas de oxigénio.

$2H_2O_2 \blacktriangleright 2H_2O + O_2$

Produção de citocromo oxidase

Princípio

Este teste permite determinar se uma bactéria contém um determinado tipo de citocromo na sua cadeia respiratória. A oxidação de substratos cromogénicos, como a tetra-metil-p-fenilenodiamina, resulta no aparecimento de uma cor violeta intensa.

Utilidade do teste

Identificação fenotípica de acordo com a produção de enzimas: diferenciação de bacilos Gram-

Como funciona

Utiliza-se uma tira de papel impregnada com o reagente N-dimetilparafenileno diamina, sobre a qual se espalha um fragmento de colónia com uma oese. As espécies que contêm a oxidase apresentam uma reação positiva, de cor violeta, em 30 segundos.

⤵ Identificação de estafilococos: Coagulase

Este teste, que destaca a capacidade das bactérias para coagular o plasma, é o principal teste utilizado para caraterizar o S.aureus. Por conseguinte, pode ser utilizado para diferenciar o Staphylococcus aureus do Staphylococcus coagulase-negativo. O teste de deteção consiste em incubar uma mistura de plasma de coelho e a estirpe a testar a 37°C durante 4 horas. O aparecimento de um coágulo é observado inclinando o tubo a 90°C.

⤵ Identificação de leveduras através de galerias de caracteres

As leveduras podem ser identificadas com base em características bioquímicas ligadas à produção de enzimas específicas da espécie. O sistema API é constituído por uma galeria de identificação que contém uma série de testes bioquímicos normalizados e miniaturizados.

No nosso estudo vamos identificar as leveduras isoladas de citrinos através da galeria api Candida.

❖
Como funciona

■
Seleção de colónias

- Verificar ao microscópio que a estirpe em estudo é uma levedura. Os seguintes meios podem ser utilizados para isolar colónias antes de utilizar o
API Galeria Candida: ágar Sabouraud
■
Preparar a galeria
- Juntar o fundo e a tampa de uma placa de incubação e distribuir cerca de 5 ml de água [desmineralizada, destilada ou qualquer água sem aditivos ou substâncias químicas susceptíveis de libertar gases (por exemplo, Cl2, CO2, etc.)] nas células para criar uma atmosfera húmida.
- Colocar a galeria na caixa de incubação.
■
Preparação do inóculo
- Abrir um frasco de API NaCl 0,85% Medium (2 ml)
- Com uma pipeta ou uma zaragatoa, colher uma ou mais colónias idênticas e bem isoladas e fazer uma suspensão com uma opacidade igual à do padrão McFarland 3: avaliar por comparação com um controlo de opacidade ou um densitómetro. Utilizar de preferência culturas jovens (18-24 horas).

  - Homogeneizar bem a suspensão de levedura. Esta suspensão deve ser utilizada extemporaneamente.

■

Inoculação da galeria

- Dispensar apenas a suspensão de levedura anterior nos tubos, evitando a formação de bolhas (para o efeito, inclinar a placa de incubação para a frente e colocar a pipeta na parte lateral da placa).

- Cobrir os primeiros 5 testes (GLU a RAF) e o último teste (URE) com óleo de parafina (testes sublinhados) imediatamente após a inoculação da galeria. NOTA: A qualidade do enchimento é muito importante: tubos com enchimento insuficiente ou excessivo são uma fonte de resultados falsos positivos ou negativos.

- Fechar a placa de incubação.

- Incubar durante 18-24 horas a 36°C ± 2°C numa atmosfera aeróbia.

Figura 5: identificação de leveduras pela galeria api Candida

3. Avaliação qualitativa da atividade antimicrobiana dos óleos essenciais: **Aromatogramme**

3.1. Método de distribuição em disco

O teste de difusão em disco de ágar é o método oficial utilizado em muitos laboratórios de microbiologia clínica para o teste de suscetibilidade antimicrobiana de rotina. Neste procedimento, as placas de ágar são inoculadas com colónias do microrganismo testado. Discos de papel de filtro (aproximadamente 6 mm de diâmetro) impregnados com HE na concentração desejada são então colocados na superfície do ágar. As placas de Petri foram incubadas a 37°C durante 18 a 24 horas. O óxido de etileno difunde-se no ágar e inibe a germinação e o crescimento do microrganismo testado, sendo depois medidos os diâmetros das zonas de inibição do crescimento. Esta zona clara à volta dos discos é proporcional à atividade antibacteriana do óleo essencial. Fornece resultados qualitativos, classificando as bactérias como sensíveis, intermédias ou resistentes. (Alexandra.2020) [17].

3.2. Método de difusão em poço de ágar

À semelhança do procedimento utilizado no método de difusão em disco, a superfície da placa de ágar é inoculada espalhando um volume do inóculo microbiano em toda a superfície do ágar. Em seguida, perfura-se assepticamente um orifício com cerca de 6 mm de diâmetro e introduz-se no poço um volume (20-100 µL) de agente antimicrobiano ou solução de extrato na concentração desejada. As placas de ágar são então incubadas em condições adequadas ao microrganismo que está a ser testado. O agente antimicrobiano difunde-se no meio de ágar e inibe o crescimento da estirpe microbiana testada (Alexandra.2020) [17]

a. Estirpes microbianas

Os germes que foram testados quanto à atividade antimicrobiana dos óleos essenciais são os seguintes

Staphylococcus aureus Pseudomonas aeruginosa Escherichia coli Salmonella thyphimurium
Shigella sonnei
Bacillus cereus
Levedura (a identificar)

b. Re-isolamento de estirpes microbianas

A fim de obter estirpes microbianas puras e jovens, foram efectuadas reisolações regulares utilizando o método de estiramento, com a pipeta pasteur, em meio Hekteon para Pseudomonas aeruginosa e Escherichia coli, em meio Chapman para Staphylococcus aureus e em meio Sabouraud para leveduras e bolores. (Hessas et al .2020) [11].

c. Preparação de diluições de OE

Óleos essenciais utilizados:
- *OE de tomilho (Thymus vulgaris)*
- *OE de salva (Salvia officinalis)*
- *OE de pimenta preta (piper nigrum)*
- *OE de murta (Myrtus communis L)*
- *OE de alecrim (Rosmarinus officinalis)*
- *OE de alcaravia (Carum carvi L)*

- *OE de alho (Allium sativum)*
- *OE de cravinho (Syzygium aromaticum)*

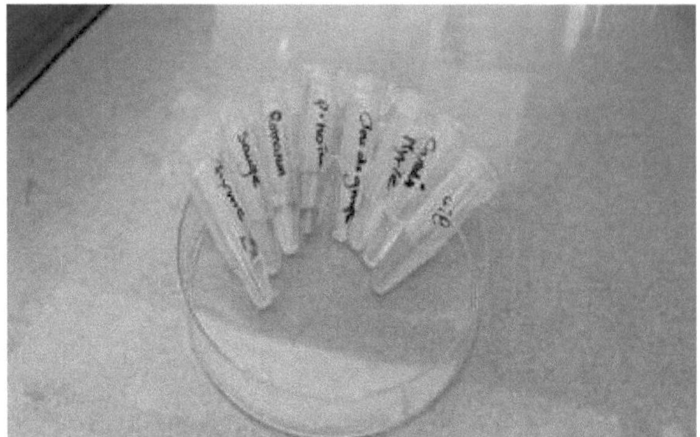

Figura 6:Óleos essenciais

Preparação de diluições de OE

Foi efectuada uma série de diluições dos 8 óleos essenciais em DMSO (dimetilsulfóxido), começando com uma diluição de **1/2** até uma diluição de 1/8 em tubos de vidro esterilizados:

- O primeiro continha 500 µl de óleo essencial e 500 µl de DMSO.

- Transferir 500 µl da primeira diluição para o segundo tubo **(1/4)**, ao qual se adicionam 500 µl de DMSO, agitando em seguida.

- as diluições de 1/8, 1/16, 1/32, são preparadas da mesma forma, de acordo com o diagrama da **figura 7**

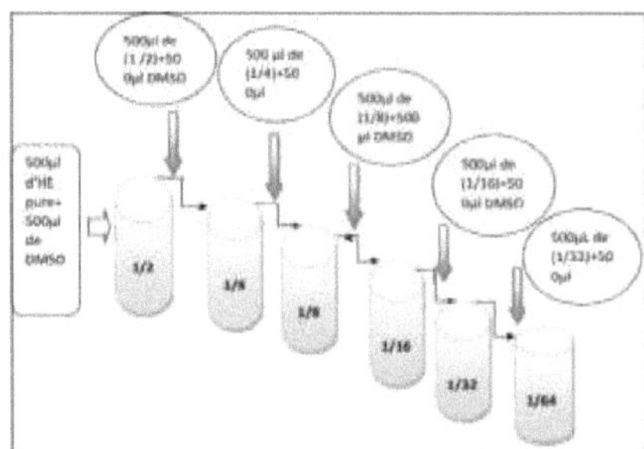

Figura 7: *Preparação de diferentes diluições*

28

d. Preparação de suspensões microbianas

A partir de uma cultura pura da bactéria a testar em meio de isolamento, raspar algumas colónias bem isoladas e perfeitamente idênticas, utilizando uma pipeta de pasteur selada.

- Descarregar a pipeta pasteur em 5 ml de água fisiológica esterilizada.

- homogeneizar bem a suspensão bacteriana

-

A densidade celular de uma suspensão bacteriana é ajustada durante um comparação simples com a turbidez do padrão. Esta comparação pode ser efectuada quer por comparação visual direta, quer por medição num espetrofotómetro.

- Utilizando uma cultura bacteriana líquida com idade entre 18 e 24 horas, ajustámos a opacidade da suspensão de modo a obter uma densidade ótica entre 0,08 e 0,1 a um comprimento de onda de 600 nm (aproximadamente 10 UFC/ml).

e. Semeadura

O meio de cultura utilizado é o ágar nutriente (NA), Sabouraud (SAB) para leveduras e bolores, que são os meios mais utilizados para testes de sensibilidade a agentes antibacterianos.

- Mergulhar uma zaragatoa esterilizada na suspensão bacteriana (para evitar a contaminação do operador e da bancada).

- Espremer bem o tubo, rodando-o sobre a parede interior do tubo, para o descarregar o mais possível.

- Esfregar o esfregaço em toda a superfície seca do ágar, de cima para baixo, em sulcos apertados.

- Repetir a operação três vezes, rodando a placa de Petri 60° de cada vez, sem esquecer de rodar a zaragatoa sobre si própria.

- Terminar a inoculação passando a zaragatoa à volta do bordo do ágar.

- Se forem inoculadas várias placas de Petri, a zaragatoa deve ser recarregada de cada vez.

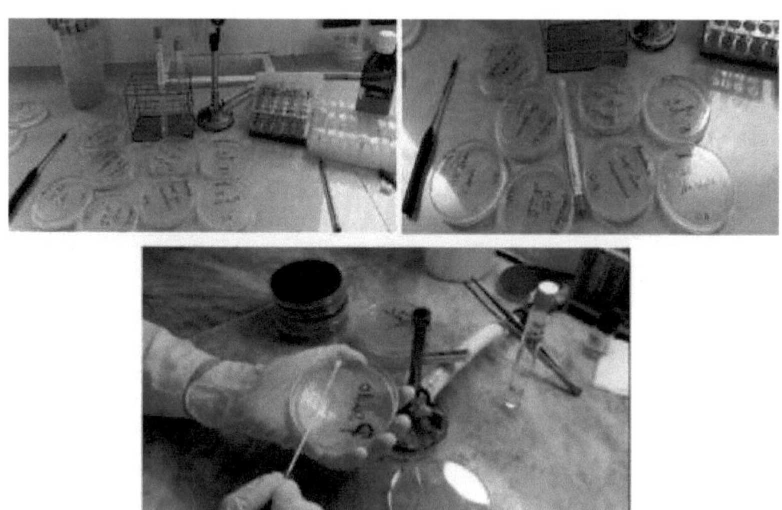

Figura 8: Inoculação de suspensões bacterianas

f. Perfuração de poços

Perfura-se assepticamente um orifício com cerca de 6 mm de diâmetro e introduz-se no poço um volume (10-20 µL) de agente antimicrobiano ou solução de extrato na concentração desejada.

g. Controlo negativo

Em cada placa de Petri, um poço foi preenchido com DMSO.

h. Incubação

As placas foram deixadas a difundir-se durante 2 horas a 4°C, incubadas numa estufa a 37°C durante 24 horas para as estirpes bacterianas e durante 48 a 72 horas para a estirpe fúngica. Foram efectuados três ensaios para cada teste.

i. Expressão dos resultados

A ausência de crescimento microbiano deu origem a uma auréola à volta dos poços, cujo diâmetro foi medido com um paquímetro (incluindo o diâmetro do poço de 6 mm).

Uma escala para estimar a atividade antimicrobiana de um óleo essencial baseada nos diâmetros das zonas de inibição (D) permite distinguir 5 classes de OE.

- Inibidor muito forte: D $\geq$ 30 mm

- Altamente inibidor: 21 mm $\leq$ D $\leq$ 29 mm

- Moderadamente inibidor: 16 mm $\leq$ D $\leq$ 20 mm

- Ligeiramente inibidor: 11 mm $\leq$ D $\leq$ 16 mm

- Não inibidor: D $\leq$ 10 mm

A sensibilidade das estirpes aos agentes antimicrobianos foi classificada de acordo com os diâmetros das zonas de inibição, de acordo com (Djeddi et Al, 2007) [26], do seguinte modo

- (-) deformação resistente (D<8 mm)

- (+) deformação sensível (9 mm $\leq$ D $\leq$ 14 mm)

- (+ +) deformação muito sensível (15 mm $\leq$ D $\leq$ 19 mm)

- (+ + +) extremamente sensível (D >20 mm)

4. <u>Avaliação quantitativa</u> (CMI)

A Concentração Inibitória Mínima (CIM) corresponde à menor concentração do óleo essencial que inibe todo o crescimento microbiano visível a olho nu. É calculada para cada espécie que mostrou sensibilidade ao óleo essencial no teste anterior, utilizando a técnica de diluição sólida (BOUALEM et al. 2016) [27].

Preparação de suspensões microbianas

Foram preparados como anteriormente

Preparação de diluições do óleo essencial

- É efectuada uma série de diluições do OE de tomilho no meio de ágar, começando com uma diluição de 2% até uma diluição de 0,03%. As diluições são preparadas da seguinte forma

- Incorporar 1 ml do OE em 49 ml de meio de ágar GN (ou Sabouraud) liquefeito (num banho de água (95°±2°C) e depois arrefecido a 40°±2°C).

- Agitar para homogeneizar a mistura. Uma diluição de 2% volume a volume (D0) (v/v).

- Tomar 25 ml da mistura anterior (D0) e dividir por duas placas de Petri de 12,5 ml.

- Adicionar 25 ml de meio de ágar liquefeito GN (ou Sabouraud) aos restantes 25 ml de D0 a 2% para obter uma diluição a 1% (D1).

- Tomar 25 ml de D1 e dividir por duas placas de Petri de 12,5 ml, depois adicionar 25 ml de meio de ágar liquefeito GN (ou Sabouraud) aos restantes 25 ml de D1 para obter uma diluição de 0,5% (D2).

- - Siga os mesmos passos para efetuar as diluições: D3 a 0,25%, D4 a 0,125%, D5 a 0,06% e D6 a 0,03%.

- Preparar também duas caixas sem óleo essencial como controlos negativos, uma para o óleo essencial e outra para o óleo essencial.

com 12,5 ml de GN e a outra com 12,5 ml de Sabouraud.

Figura 9: Preparação das diluições HE (CIM)

⤵ Espalhar suspensões microbianas

Depois de os meios terem solidificado, as várias suspensões microbianas foram espalhadas utilizando uma zaragatoa no GN e um ancinho no SAB.

⤵ Incubação

As placas GN foram incubadas a 37°C durante 24 horas e as placas SAB durante 48-72 horas.

⤵ Leitura

A CIM é a concentração mais baixa de óleo essencial que inibe o crescimento bacteriano ou fúngico visível a olho nu.

5. Análise estatística

O diâmetro de inibição e os valores de CIM de todas as amostras estudadas foram comparados através de uma análise de variância (ANOVA) unidirecional utilizando o software SPSS statistics 20. Foram detectadas diferenças significativas ($P < 0,05$) entre os óleos essenciais utilizando os testes de gama múltipla de Duncan.

Resultados e discussão

1. Resultados

1.1. Análises microbiológicas

1.1.1.   Bactérias

A flora presente no sumo de diferentes estações não é senão o resultado de uma variedade de microrganismos provenientes do próprio fruto, da atmosfera de armazenamento, da cadeia de transformação e de acondicionamento, da água e do pessoal. A qualidade microbiológica do produto destinado ao consumo é um elemento essencial para garantir a segurança higiénica.

As estirpes isoladas e as suas características macro-microscópicas e bioquímicas são apresentadas no **quadro 2** e no **apêndice 1.**

Tabela 2: Características de deformação

Estirpe	Forma	Grama	Catalase	Oxidase	Coagulase
S.aureus	Coccus	Grama $^{+}$	Catalase +	OX	coagulase+
E. coli	Bacilo	Gram $^{-}$	Catalase +	OX	
Salmonella thyphimurium	Bacilo	Gram-	Catalase +	OX	
Shigella sonnei	Bacilo	Gram-	Catalase +	OX	
Pseudomonas aeruginosa	Bacilo	Gram $^{-}$	Catalase +	OX-	
Bacillus cereus	Bacilo	Grama	Catalase +	OX-	

1.1.2.   Levedura

Ler a galeria

De acordo com o **apêndice 2,** a levedura identificada é *"**Trichosporon spp**".*

Trichosporon spp é um fungo semelhante a uma levedura que pertence à família Trichosporonaceae. O agente patogénico é capaz de aderir e formar biofilmes.
O Trichosporon spp é omnipresente e pode ser encontrado no solo, nas plantas e na água.
O agente patogénico pode também estar presente em diferentes espécies de animais, como morcegos, aves, animais domésticos e gado.

O Trichosporon spp pode causar infecções superficiais, como a piedra blanche (infeção fúngica do fio de cabelo) ou a onicomicose (infeção fúngica das unhas). O agente patogénico também causa uma infeção invasiva conhecida como tricosporonose. A tricosporonose ocorre principalmente em pessoas com sistemas imunitários enfraquecidos.

1.2. Avaliação qualitativa da atividade antibacteriana dos óleos essenciais: Aromatogramme

Utilizando o método de difusão em ágar-poço, foi possível demonstrar as propriedades antimicrobianas do OE em relação aos microrganismos. A sensibilidade das estirpes é demonstrada pelo aparecimento de um halo de inibição à volta dos poços. As zonas de inibição obtidas variam entre 4 e 48 mm, indicando que as estirpes testadas não têm a mesma sensibilidade ao OE. Os valores apresentados são as médias de três medições.

A concentração do óleo essencial está relacionada com as zonas de inibição. Quanto maior for a concentração, maior será a zona de inibição.

Os resultados do aromatograma EO são apresentados no **Quadro 3**.

Tabela 3*: Diâmetros das zonas de inibição*

estirpes	Diâmetro das zonas de inibição (mm) [a]								
	Thymus vulgaris			*Salvia officinalis*			*Allium sativum*		
	Diluições			*Diluições*			*Diluições*		
	1/2	1/4	1/8	1/2	1/4	1/8	1/2	1/4	1/8
S.aureus	40±1	38±1	32±1	20±1	14±1	13±1	18±1	15±1	6±1
E. coli	32±1	28±1	22±1	10±1	9±1	7±1	12±1	10±1	9±1
Salmonela thyphimurium	25±1	18±1	14±1	13±1	9±1	6±1	22±1	19±1	15±1
Shigella sp	32±1	30±1	25±1	15±1	12±1	7±1	16±1	16±1	12±1
P. aeruginosa	8.5±1	7±1	7±1	10±1	6±1	5±1	10±1	9±1	9±1

B. cereus	26±1	22±1	18±1	16±1	14±1	13±1	23±1	19±1	13±1
richosporon spp	48±1	43±1	43±1	20±1	18±1	14±1	36±1	35±1	33±1

estirpes	Diâmetro das zonas de inibição (mm) [a]								
	Myrtus communis L Ro			*smarinus officinalis*			*piper nigrum*		
	Diluições			*Diluições*			*Diluições*		
	1/2	1/4	1/8	1/2	1/4	1/8	1/2	1/4	1/8
S.aureus	25±1	22±1	20±1	15±1	16±1	13±1	15±1	11±1	6±1
E. coli	13±1	11±1	9±1	9±1	11±1	10±1	10±1	13±1	16±1
Salmonela thyphimurium	12±1	10±1	9±1	18±1	14±1	8±1	15±1	13±1	11±1
Shigella sp	10±1	10±1	7±1	17±1	12±1	7±1	18±1	16±1	12±1
P. aeruginosa	18±1	15±1	12±1	10±1	6±1	5±1	15±1	9±1	8±1
B. cereus	24±1	21±1	18±1	10±1	12±1	14±1	9±1	8±1	6±1
Trichosporon spp	47±1	45±1	42±1	28±1	18±1	14±1	40±1	35±1	30±1

estirpes	Diâmetro das zonas de inibição (mm) [a]						Controlo DMSO
	Carum carvi L			*Syzygium aromaticum*			
	Diluições			*Diluições*			
	1/2	1/4	1/8	1/2	1/4	1/8	
S.aureus	20±1	18±1	12±1	29±1	26±1	25±1	0
E. coli	7±1	7±1	4±1	14±1	12±1	11±1	0
Salmonela thyphimurium	15±1	13±1	11±1	16±1	12±1	13±1	0
Shigella sp	10±1	10±1	9±1	13±1	11±1	10±1	0
P. aeruginosa	15±1	16±1	17±1	6±1	6±1	3±1	0
B. cereus	9±1	6±1	4±1	16±1	14±1	17±1	0
Trichosporon spp	34±1	33±1	28±1	29±1	25±1	24±1	6

[a]: o diâmetro do poço está incluído

Com base nos valores da Tabela 3, classificámos as estirpes patogénicas de acordo com a sua sensibilidade aos óleos essenciais.

Quadro 4: Classificação das camadas de acordo com a sua sensibilidade à HE

Estirpe	*Thymus vulgaris*	*Salvia officinalis*	*Allium sativum*	*Myrtus communis L*	*Rosmarinus officinalis*	*piper nigrum*	*Carum carvi L*	*Syzygium aromaticum*
S.aureus	+++	+++	++	+++	++	++	++	+++
E. coli	+++	++	+	+	+	+	-	+
Salmonella thyphimurium	+++	+	++	+	+	++	+	+
Shigella sonnei	+++	+++	++	+	++	++	+	+
P. aeruginosa	-	+	+	++	+	+	++	-
B. cereus	+++	++	+	+	-	-	+	++
Trichosporon spp	+++	+++	+++	+++	++	+++	+++	+++

+++ : D>20mm : extremamente sensível   ;   + : 9<D<14 : sensível

++: 15<D<19: muito sensível   - D<8: resistente

⬇ *Óleo essencial de tomilho (Thymus vulgaris) contra estirpes patogénicas*

ANOVA de 1 fator

Estirpe

	Soma de quadrados	ddl	Quadrado médio	F	Significado
Intergrupo	69.000	10	6.900	4.600	.012
Intragrupo	15.000	10	1.500		
Total	84.000	20			

Parâmetros de distribuição estimados

	Estirpe	Diluições	diâmetro de inibição
Mínimo Distribuição uniforme	1	1.000	7.00
Máximo	7	7.000	48.00

As observações não são ponderadas.

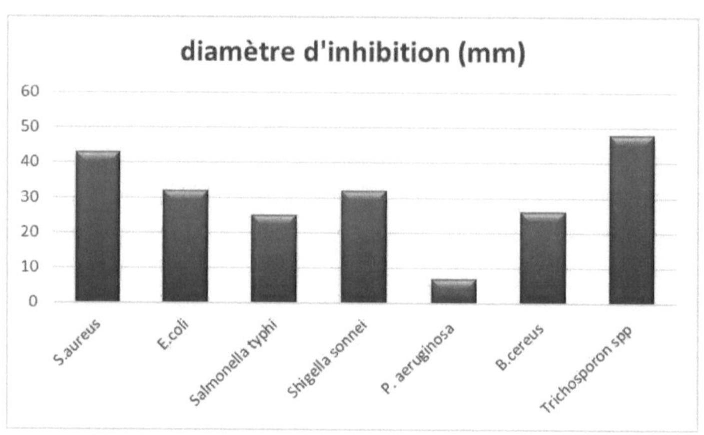

Figura 10: Histograma que compara as zonas de inibição do OE de tomilho

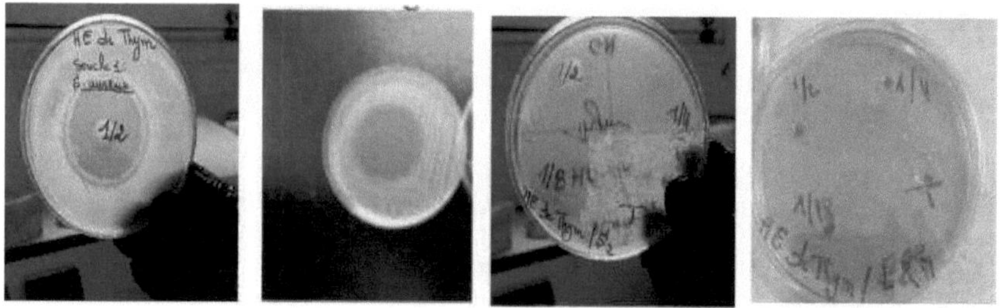

Figura 11: aromatograma do OE de tomilho

De acordo com os resultados acima referidos

P<0,05, pelo que se verificou uma diferença significativa em termos do poder inibitório do óleo essencial de tomilho contra as 7 estirpes, o que se explica pelo facto de o OE de tomilho ter uma forte atividade antibacteriana contra todas as bactérias patogénicas, com zonas de inibição que variam entre 10 e 48 mm.

De facto, as bactérias mais sensíveis ao óleo de tomilho foram *S. aureus*, seguidas de *E. coli, Shigella sonnei, B. cereus e S. typhi.* A Ps. aeruginosa mostrou resistência ao OE de tomilho porque tem um nível mais elevado de Mg2+ na sua membrana exterior. Um nível mais elevado de magnésio na membrana aumentará as ligações cruzadas entre os LPS e, por conseguinte, reduzirá

38

o tamanho da porina e limitará a migração de moléculas antimicrobianas através da membrana bacteriana.

Verificou-se que as estirpes do género *Pseudomonas eram* mais resistentes ao OE. Esta resistência não é surpreendente. Este facto foi confirmado por vários estudos anteriores (Hammer et al, 1999; Dorman e Deans, 2000).

Staphylococcus aureus, Escherichia coli, S.typhi, Shigella sonnei mostraram uma diminuição no diâmetro de inibição paralela à diminuição das concentrações de óleo essencial. Pseudomonas aeruginosa apresentou um diâmetro de inibição constante.

A estirpe fúngica Trichosporon spp é extremamente sensível ao óleo de tomilho com um diâmetro de cerca de 48 mm, provando que o óleo de tomilho tem poder fungicida mesmo após diluição (1/2, 1/4 e 1/8).

Os nossos resultados são apoiados pela literatura, onde estudos demonstraram que o timol e o carvacrol têm um efeito antimicrobiano contra um amplo espetro de bactérias: *Escherichia coli, Bacillus creus, Listeria monocytogenes, Salmonella enterica, Clostridium jejuni, Lactobacillus sake, Staphylococus aureus e Helicobacter pyroli* (rahmouni, 2014) [28].

(Abbas et al, 2016)[29] mostraram que o OE de *T. vulgaris* exibiu uma atividade antibacteriana notável para diferentes estirpes bacterianas, exceto para *P.aeruginosa* com um diâmetro de 9 mm, que é próximo do da ciprofloxacina. Estimaram que o timol e o carvacrol são os principais componentes deste óleo para exibir esta atividade antimicrobiana. Os mesmos autores demonstraram que estes fenóis aumentam a permeabilidade da membrana celular bacteriana e reduzem a força protomotora, reduzindo assim o nível intracelular de ATP, que fornece a energia necessária para as reacções químicas e metabólicas na célula.

Foi demonstrado que o óleo essencial de *Thymus vulgaris* inibe o crescimento de várias estirpes de fungos, incluindo *Candida albicans, Cryptococcus neoformans, Aspergillus, Saprolegnia e Zygorhynchus*. O mesmo óleo foi capaz de potenciar o efeito antifúngico da anfotericina B contra *C. albicans* **(Giordani et al. 2004; Pina-Vaz et al. 2004)**[30][31].

♣ *Óleo essencial de salva (Salvia officinalis) contra estirpes patogénicas*

ANOVA de 1 fator

Estirpe

	Soma de quadrados	ddl	Quadrado médio	F	Significado
Intergrupo	54.583	13	4.199	.999	.527
Intragrupo	29.417	7	4.202		
Total	84.000	20			

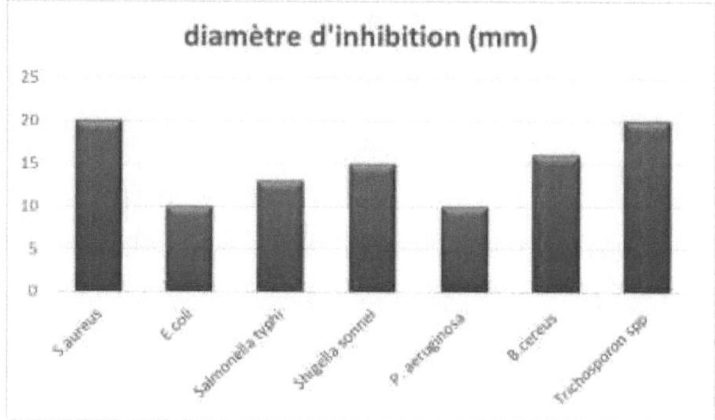

Figura 12: Histograma que compara as zonas de inibição do OE de salva

p>0,05, o que significa que o OE de salva é ligeiramente a moderadamente inibidor das estirpes patogénicas, uma vez que o diâmetro da auréola de inibição se situa entre 10 e 20 mm.

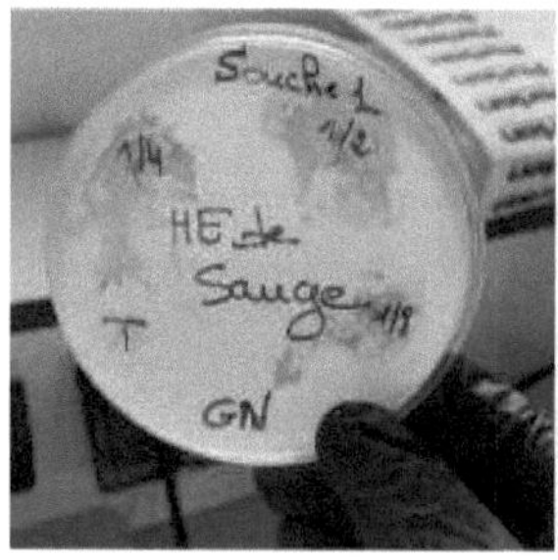
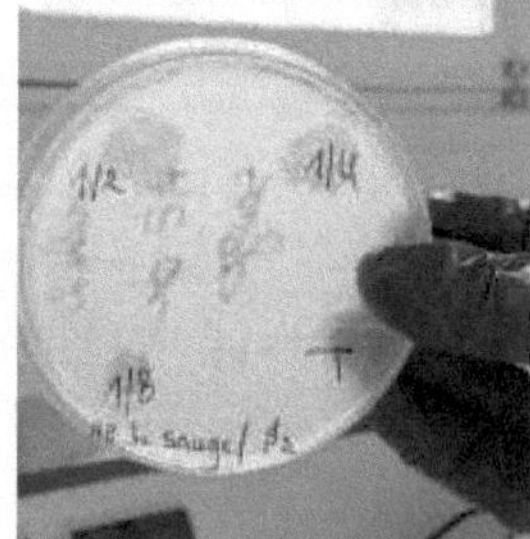
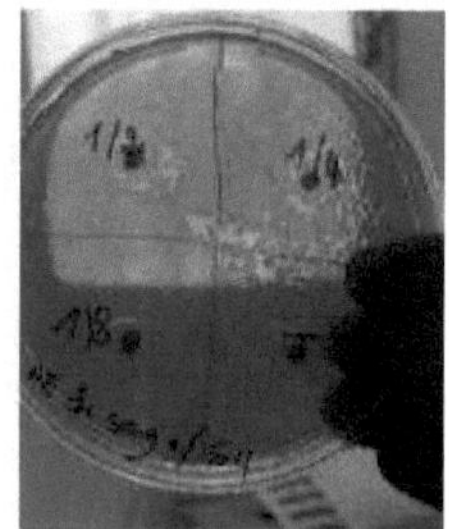

Figura 13: Aromatograma do OE de salva

Os resultados do teste de aromatograma mostram uma variação na eficácia de inibição do óleo essencial *de Salvia Officinalis* contra as estirpes bacterianas testadas: *Pseudomonas aeruginosa, Escherichia coli e Staphylococcus aureus, E. coli* ...

O óleo essencial de salva exerceu uma inibição fraca contra *Escherichia coli* e *P.aeruginosa* com uma zona de inibição de 10 mm de diâmetro. Por outro lado, o óleo essencial de *S. officinalis* inibiu o crescimento de S.aureus e da levedura Trichosporon spp com uma zona de inibição de 20 mm de diâmetro.

De acordo com a classificação de (Ponce et al.2003) (32), as zonas de inibição, que variam entre 8 e 20 mm, indicam que as estirpes testadas são mais ou menos sensíveis ao óleo essencial das folhas de *Salvia officinalis*. Os OE têm um efeito sobre o crescimento das bactérias, actuando impedindo a sua multiplicação e a síntese de toxinas.

⚜ *Óleo essencial de alho (Allium sativum) contra estirpes patogénicas*

ANOVA de 1 fator

Estirpe

	Soma de quadrados	ddl	Quadrado médio	F	Significado
Intergrupo	65.250	9	7.250	4.253	.014
Intragrupo	18.750	11	1.705		
Total	84.000	20			

Teste de homogeneidade da variância

Estirpe

Estatísticas Levene	ddl1	ddl2	Significado
4.278	6	11	.018

a. Os grupos com uma única observação são ignorados ao calcular o teste de homogeneidade da variância para as estirpes.

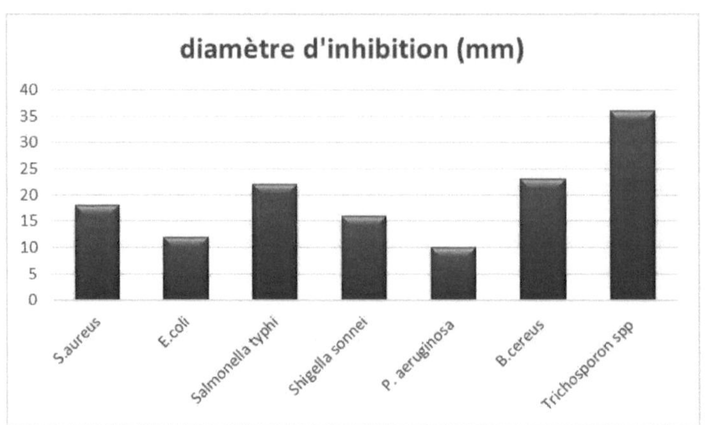

Figura 14: Histograma que compara as zonas de inibição do OE de alho

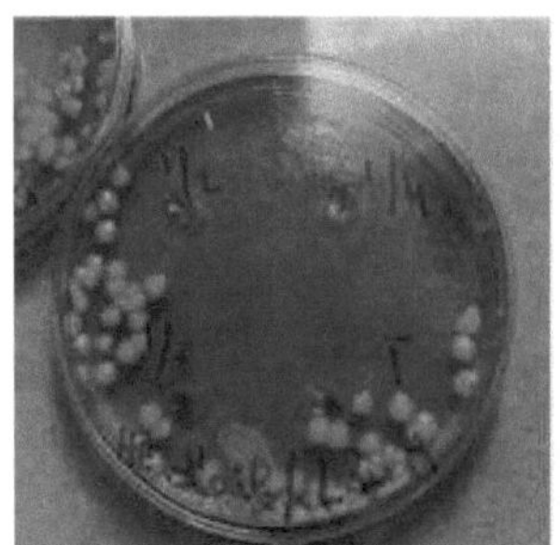
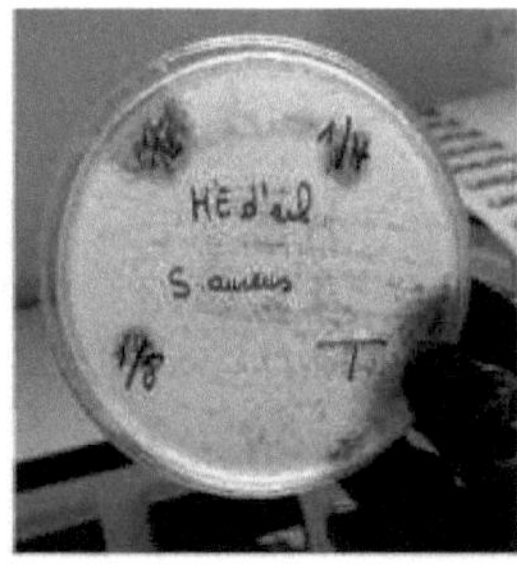

Figura 15: Aromatograma do OE de alho

P<0,05, pelo que se verificou uma diferença significativa na sensibilidade das estirpes ao óleo de alho, sendo os diâmetros entre 10 e 36 mm, dado que o óleo de alho tem um efeito extremamente inibitório sobre a estirpe fúngica, daí a utilização do óleo de alho (D=36).

✦ *Óleo essencial de murta (Myrtus communis L) contra estirpes patogénicas*

ANOVA de 1 fator

Estirpe

	Soma de quadrados	ddl	Quadrado médio	F	Significado
Intergrupo	51.667	1	4.697	1.307	.349
Intragrupo	32.333	9	3.593		
Total	84.000	20			

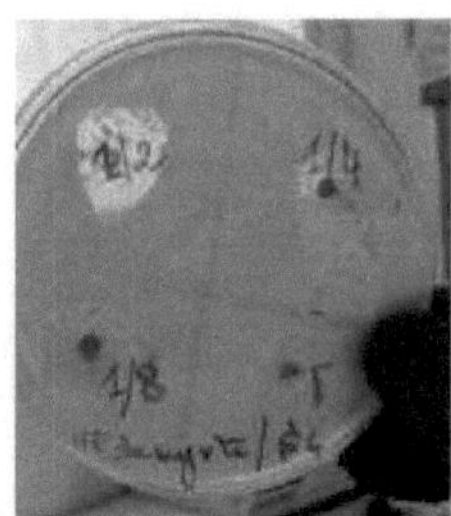
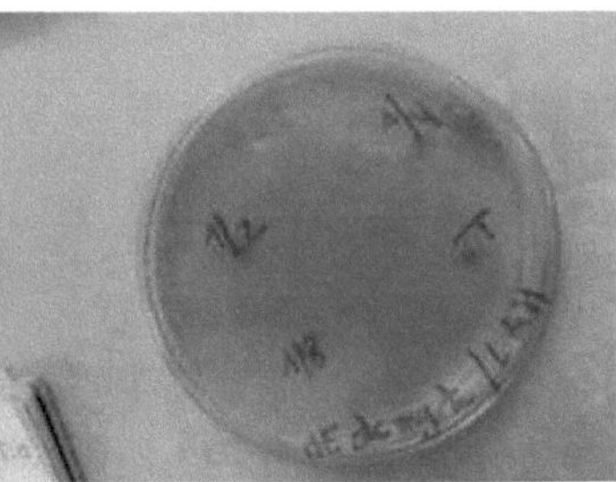

Figura 16: aromatograma do OE de murta

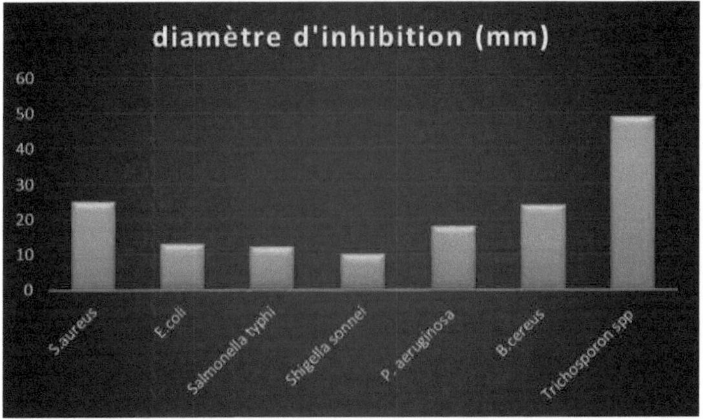

Figura 17: Histograma que compara as zonas de inibição do OE de murta

$p > 0,05$ não houve diferença significativa na atividade inibitória do óleo de murta em todas as estirpes patogénicas, o que significa que o óleo essencial de murta inibe o crescimento de Gram+ e Gram-.

A análise dos resultados para o óleo essencial de murta comum mostra uma atividade inibidora muito significativa contra **Trichosporon spp**, com uma zona de inibição relativamente grande entre (39-49mm). À medida que a concentração de óleo essencial aumenta, o mesmo acontece com o diâmetro da zona de inibição.

Estes resultados coincidem com os encontrados por Touabia (2011)(35) e o trabalho de Chebaibi et al. (2016)(33) sobre o óleo essencial de murta comum marroquina mostrou que o OE de murta comum tem propriedades anti-candidose significativas. Suppakul et al (2003)(36), sugeriram que a atividade antifúngica dos OEs pode ocorrer através de dois mecanismos diferentes

Alguns constituintes causam fuga de electrólitos e depleção de aminoácidos e açúcares, enquanto outros podem ser inseridos nos lípidos das membranas, resultando numa perda das funções das membranas. De acordo com Cox et al (2000)(34), a ação antifúngica d o s óleos essenciais contra a *Candida albicans* deve-se a um aumento da permeabilidade da membrana plasmática, seguido de rutura da membrana, levando à fuga d o conteúdo citoplasmático e, por conseguinte, à morte da levedura.

⸭ *Óleo essencial de alecrim (Rosmarinus officinalis) contra estirpes patogénicas*

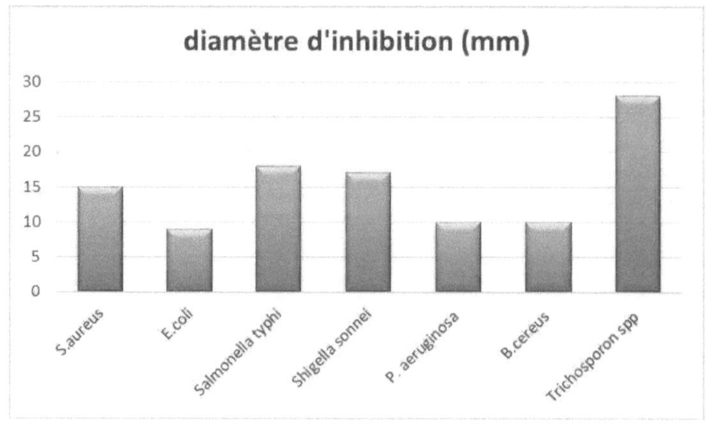

Figura 18: Histograma do OE de alecrim

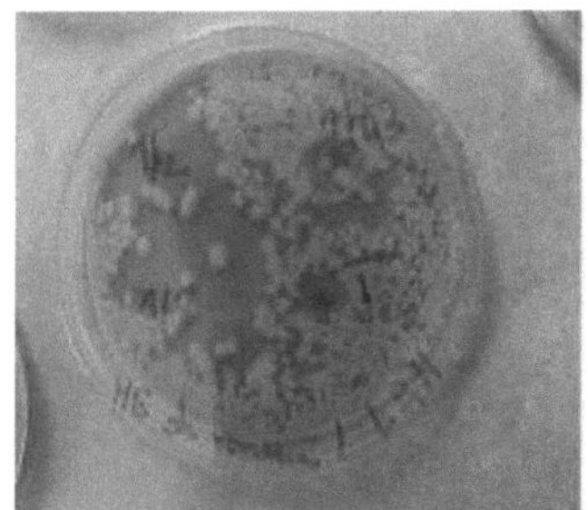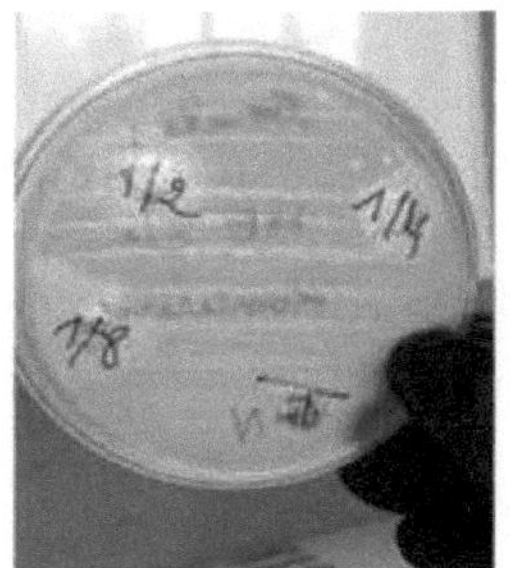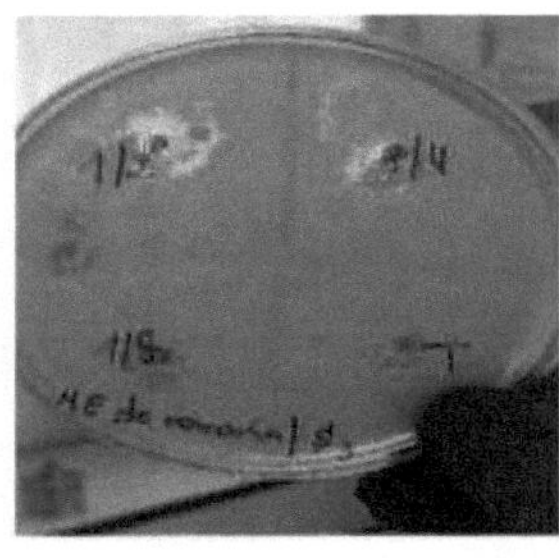

Figura 19: aromatograma do OE de alecrim

De acordo com o histograma, os diâmetros das zonas de inibição do OE de alecrim variam entre 10 e 15 mm para as bactérias Gram+ e Gram-.

Apesar da existência de zonas de inibição fracas, os nossos resultados provam a existência de atividade antimicrobiana contra as sete estirpes testadas, e os efeitos inibitórios aumentam consideravelmente com a concentração do OE.

De acordo com a classificação de Ponce et al (2003), as zonas de inibição, que variam entre 15 e 19 mm, indicam que a estirpe *Baccilus sp* é muito sensível e que as outras estirpes testadas são sensíveis ao óleo essencial de alecrim (zona de inibição entre 8 e 14 mm).

⁜ *Óleo essencial de pimenta preta (piper nigrum) contra estirpes patogénicas*

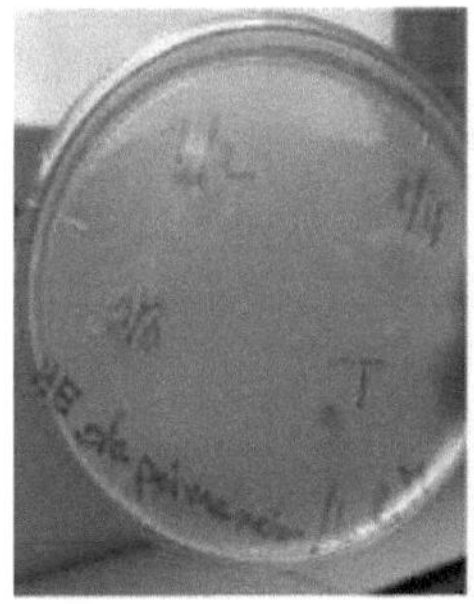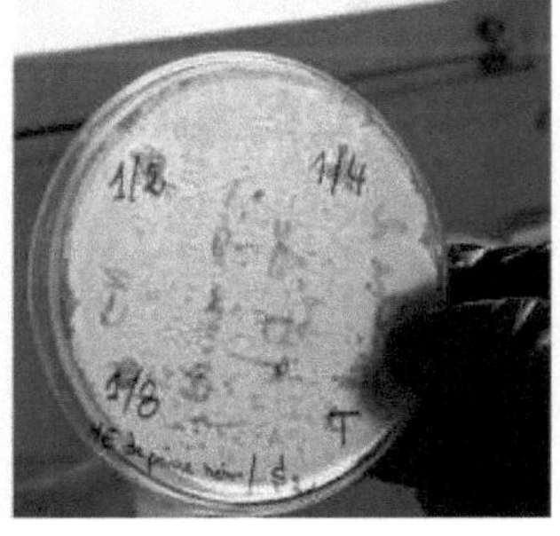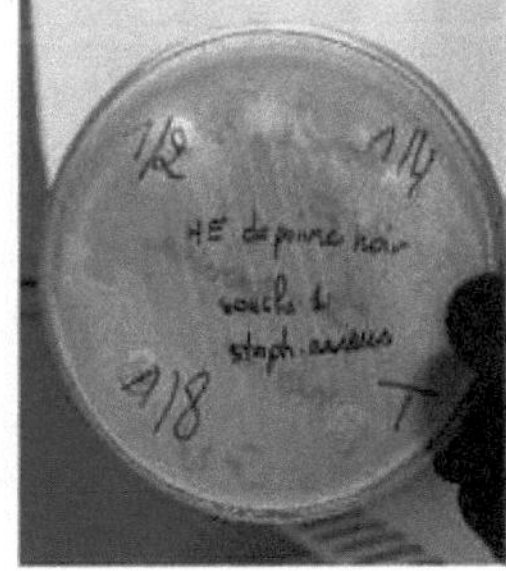

Figura 20: aromatograma do OE de pimenta preta

No seguimento destes resultados, Vani et al (2009) mostraram que os extractos de pimenta preta têm uma boa atividade antibacteriana, indicando a presença de alcalóides, óleo volátil, mono e polissacáridos e resinas. Os alcalóides como a piperina, o óleo volátil e as resinas podem ser responsáveis pela atividade antibacteriana.

Estudos demonstraram que o mecanismo de ação da pimenta preta sobre as bactérias (antibacteriano), alterando a permeabilidade da membrana celular devido à fuga de materiais intracelulares, pode levar à morte celular

Shiva et al (2013) registaram atividade antibacteriana contra todas as bactérias testadas com uma zona de inibição que variava entre 8 mm e 18 mm. A zona de inibição máxima foi contra as bactérias Gram-positivas *S. aureus* (18 mm) e *B. subtilis* (14 mm), enquanto as bactérias Gram-negativa *P. aeruginosa* (9 mm) e *E. coli* (8 mm). A zona máxima de inibição foi de 100ul para todas as culturas bacterianas. Isto indica que a zona de inibição aumenta à medida que a concentração de pimenta preta aumenta.

Shiva et al.2013, descobriu que a zona de inibição máxima era contra a bactéria *S. aureus* (18mm) do que a bactéria *E. coli* (8mm) e que o extrato de *Piper Nigrum* tinha maior atividade contra bactérias gram-positivas do que bactérias gram-negativas.

Vani et al (2009) estudaram a atividade antibacteriana da piper nigrum contra certas bactérias patogénicas Gram-positivas (*S. aureus*; *B. cereus*; *S. faecalis*) e Gram-negativas (*E. coli; P. aeruginosa; K. pneumoniae; S. typhi*):

O extrato de acetona da pimenta preta tem uma excelente inibição do crescimento de bactérias Gram positivas, sendo que **S. aureus** foi mais sensível, seguido de B. cereus e Streptococcus. Entre as bactérias Gram-negativas, **P. aeruginosa** foi mais sensível à pimenta preta, seguida por **E. coli, K. pneumoniae e Salmonella**.

O OE de pimenta preta é altamente antifúngico contra as leveduras.
Trichosporon spp com um diâmetro de 40 mm.

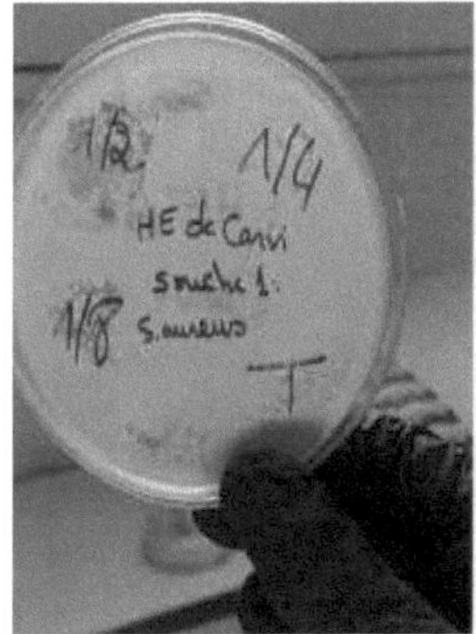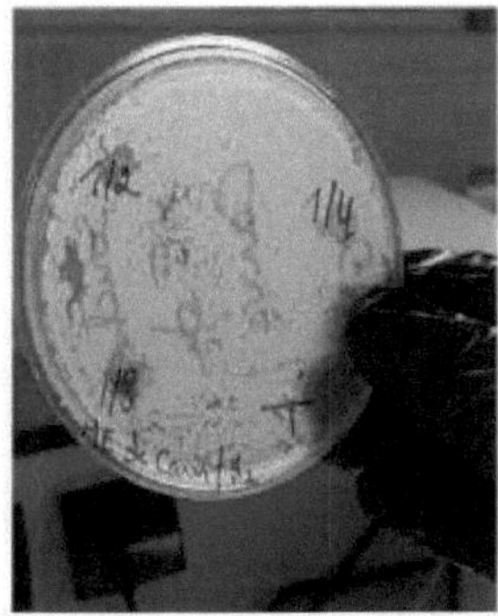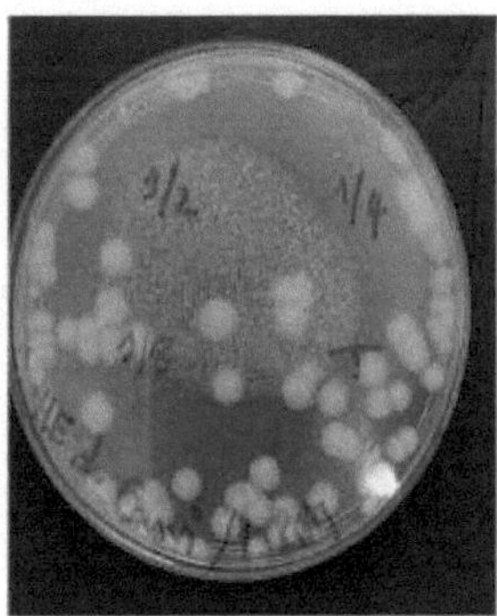

Figura 21: Aromatograma do OE de alcaravia

O O.E. *de alcaravia* mostrou uma boa atividade antimicrobiana e antifúngica: os resultados mostram que as estirpes testadas têm a mesma sensibilidade a esta essência, esta eficácia deve-se à presença da composição maioritária: limoneno e carvona. De um modo geral, tem sido referido que a presença de 1,8-cineol e carvona no O.E. são responsáveis por esta atividade antimicrobiana.

A figura mostra que o óleo de alcaravia tem um elevado nível de atividade contra *Trichosporon spp, com uma* zona de inibição muito interessante que se forma à volta do poço que contém o óleo de alcaravia.

Os resultados mostram que a estirpe *Trichosporon spp* é altamente sensível ao óleo essencial de Carum carvi.

↓ *óleo essencial de cravinho (Syzygium aromaticum) contra estirpes*
patogénicas

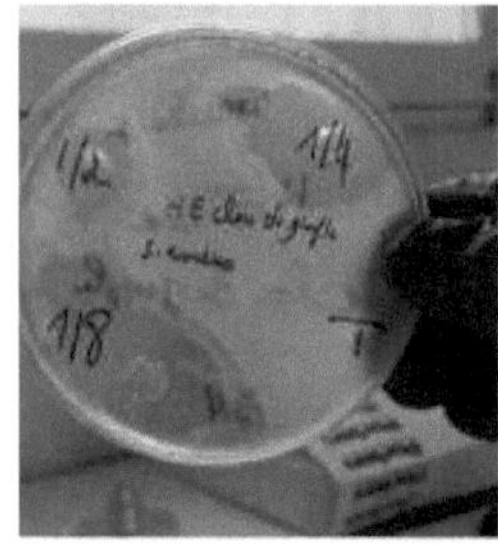
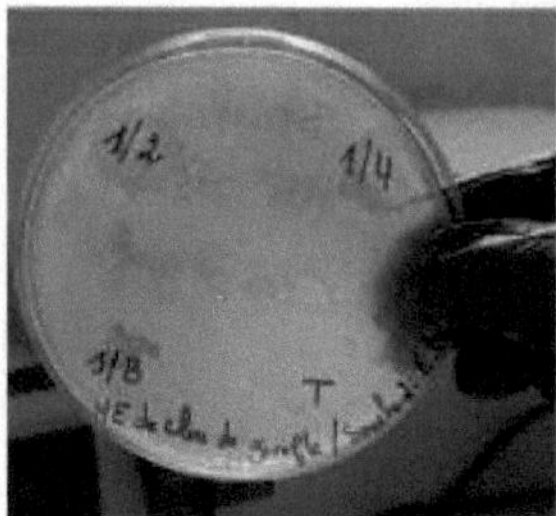
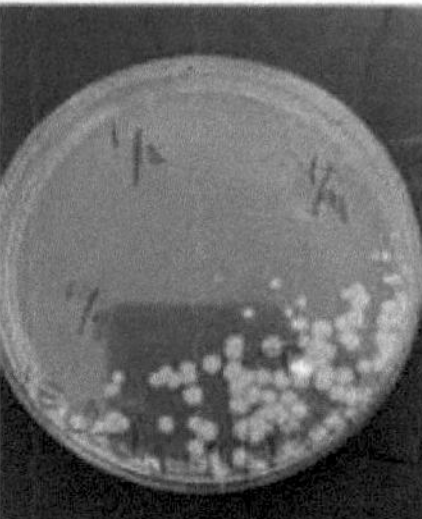

Figura 22: Aromatograma do OE de cravinho

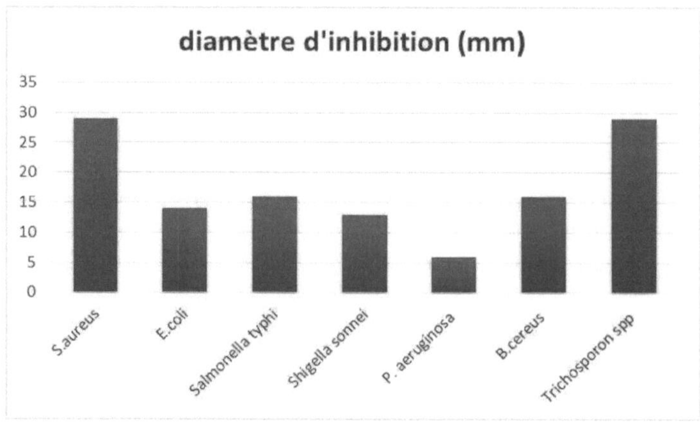

Figura 23: Histograma do OE de cravinho

O óleo essencial de cravinho em concentrações graduadas tem um efeito positivo, ou seja, é sensível às seguintes estirpes bacterianas: *E. coli e Staphylococcus aureus*; por outro lado, é resistente a *Pseudomonas aeruginosa*.

Ao comparar os resultados dos diâmetros das zonas de inibição, é evidente que as bactérias gram-positivas têm zonas de inibição maiores do que as bactérias gram-negativas para o óleo essencial.

Staphylococcus aureus apresentou o maior diâmetro de inibição, enquanto Pseudomonas não apresentou inibição, pelo que esta estirpe é altamente resistente ao nosso OE.

A concentração do óleo essencial está relacionada com as zonas de inibição. Quanto maior a concentração, maior a zona de inibição.

Os resultados dos poços em DMSO não revelaram qualquer efeito antibacteriano nas estirpes bacterianas devido à ausência de zonas de inibição.

Numerosos estudos demonstraram que o O.E. de cravinho é altamente antibacteriano. Esta atividade pode ser atribuída ao seu composto principal, o "eugenol". O trabalho de Valero e Giner em 2006 mostrou que o eugenol, entre outros compostos, inibia o crescimento de bactérias. Além disso, um estudo de Rhayour (2016) mostrou que a atividade bactericida do OE de cravinho se deve principalmente ao seu principal constituinte, o eugenol, que pertence à família dos fenóis. Parece, portanto, que a atividade bactericida dos OEs começa com a ligação destas moléculas às membranas bacterianas, provocando alterações estruturais e de permeabilidade que levam à perda de constituintes celulares devido a uma lise significativa das células bacterianas.

No que diz respeito às estirpes de fungos, o óleo essencial de cravinho tem boas propriedades antifúngicas.

O óleo essencial de cravinho demonstrou ter uma potente atividade antifúngica contra agentes patogénicos fúngicos oportunistas, o que é idêntico ao trabalho de Eugénia e colegas (2009) sobre a *Candida albicans* e outros agentes patogénicos fúngicos. Outros estudos mostraram que o OE do cravinho, e o Eugenol em particular, tem um elevado nível de atividade fungicida contra a *Candida albicans*. À luz de todos estes trabalhos e investigações, o extrato de cravinho possui um amplo espetro de atividade antimicrobiana, daí a importância deste óleo como conservante e antisséptico altamente eficaz para prevenir o desenvolvimento microbiano, especialmente quando se trata de proteger a saúde da presença de agentes patogénicos.

1.3. Avaliação quantitativa da atividade antibacteriana do OE: CIM

A CIM é indicada pelo poço que contém a concentração mais baixa de HE onde se regista 99% de ausência de crescimento bacteriano.

No nosso estudo, seleccionámos as estirpes mais sensíveis aos óleos essenciais e determinámos a sua CIM.

Tabela 5: Concentrações inibitórias mínimas (CIM) de óleos essenciais (%v/v) contra estirpes seleccionadas

Óleos essenciais	*S.aureus*	*E.coli*	*Salmonella thyphi*	*Trichosporon spp*
Thymus vulgaris	0.125	0.125	0.25	0.03
Salvia officinalis	0.06	0.25	0.25	0.06
Allium sativum	0.06	0.125	0.125	0.06
Syzgium aromaticum	0.125	1	0.5	0.06

A estirpe mais sensível, *Trichosporon spp,* tem um cmi de 0,03 (%v/v) para o óleo essencial de tomilho

No entanto, a estirpe *E. coli* mostrou uma sensibilidade moderada aos óleos essenciais testados, tal como *a Salmonella thyphi.*

Discussão

O sumo de laranja é rico em água e açúcares que são facilmente metabolizados pelos microrganismos, o que o torna um meio de cultura ideal (Forrest, 2001). Estas condições expõem facilmente estes produtos à contaminação por fungos e bactérias patogénicas. A contaminação única ou múltipla do sumo pode provir de muitas fontes: solo, água, fertilizantes (especialmente composto), trabalhadores, equipamento agrícola e condições de armazenamento e processamento.

A flora presente no sumo não é senão o resultado de uma variedade de microrganismos provenientes do próprio fruto, da atmosfera de armazenamento, por vezes da cadeia de transformação e de acondicionamento, da água, do ar ou mesmo do pessoal.

Apesar dos esforços desenvolvidos para reduzir a carga de microrganismos no ar industrial ou para atenuar a flora ligada ao fruto, as poucas células bacterianas ou fúngicas que conseguem escapar ao controlo encontram no sumo um ambiente muito favorável ao seu crescimento e reprodução.

De acordo com Cox et al (2000), a ação antifúngica dos óleos essenciais contra a Candida albicans deve-se a um aumento da permeabilidade da membrana plasmática, seguido de uma rutura da membrana que leva à fuga do conteúdo citoplasmático e, por conseguinte, à morte da levedura.

A composição e a atividade antibacteriana dos OE eram muito diferentes. Uma tendência semelhante foi observada pelos autores que mostraram que existiam variações consideráveis entre as acções antibacterianas dos óleos essenciais. No entanto, a comparação da eficácia dos óleos entre estudos é difícil devido a diferenças nos parâmetros externos e incontroláveis. Sabe-se que a composição dos óleos vegetais varia consoante as condições climáticas e ambientais. Para além disso, as propriedades antimicrobianas podem variar dentro da mesma planta.

Além disso, alguns óleos com o mesmo nome comum podem provir de espécies vegetais diferentes. Do mesmo modo, o método utilizado para avaliar a atividade antimicrobiana e a escolha dos microrganismos testados variam de uma publicação para outra. Os métodos de diluição em ágar e em caldo são também habitualmente utilizados.

Estes incluem diferenças no crescimento microbiano, o tempo de exposição dos microrganismos ao óleo vegetal, a solubilidade do óleo e o processo utilizado para os solubilizar ou emulsionar. Estes e outros factores podem explicar a grande diferença nas CIM obtidas pelo método de diluição em ágar neste estudo.

As perspectivas para este estudo incluem a extração dos óleos essenciais e o estudo das propriedades antibacterianas e antifúngicas destes óleos sobre várias estirpes microbianas, com vista à desinfeção do ar contaminado. Para além do estudo de outras propriedades biológicas destas plantas, nomeadamente propriedades anti-inflamatórias, antivirais, anti-litíase e outras.

Conclusão

53

Este trabalho insere-se na procura de novos produtos naturais com propriedades antibacterianas e antifúngicas contra estirpes patogénicas que causam a deterioração pós-colheita dos citrinos, e na comparação da eficácia destes produtos com a dos fungicidas químicos utilizados neste domínio.

Os citrinos são ricos em água e açúcares que são facilmente metabolizados pelos microrganismos. Na primeira parte deste trabalho, isolámos e identificámos as estirpes responsáveis pela deterioração dos citrinos; os resultados da sua identificação permitiram-nos reconhecer as seguintes espécies: *P. aeruginosa, E. coli, Salmonella thyphi, S. aureus* e a estirpe fúngica *Trichosporon spp*, todas elas capazes de provocar a podridão dos citrinos.

Assim, estudámos a atividade antifúngica dos óleos essenciais de tomilho, salva, murta, cravinho, cominho, alho e pimenta preta contra microrganismos isolados. Os resultados obtidos mostraram que os oito OEs deram resultados satisfatórios sobre o crescimento diametral destas estirpes, com uma ligeira diferença de eficácia com as suas fracções voláteis, sendo o OE de tomilho o mais eficaz devido à presença de halos de inibição de diâmetro D>40mm contra a estirpe fúngica.Este facto é explicado pelo seu elevado teor de fenóis, 30 a 40% de timol e 5 a 15% de carvacrol, responsáveis pela sua atividade bactericida, fungicida e vermicida, O OE de salva é também o mais eficaz em termos de inibição de todos os germes patogénicos identificados no nosso estudo, embora os outros óleos não o sejam. Os óleos essenciais são, portanto, uma boa alternativa aos pesticidas químicos, dada a sua eficácia e os seus benefícios para a saúde humana, e mesmo um acompanhamento de 10 dias mostrou-nos a mesma eficácia destes OE contra os microrganismos patogénicos.

Referências

(1)Benaissat F. ; 2015; la caractérisation de la sensibilité des variétés d'agrumes aux pourritures en post-récolte " .Université Sidi Mohammed Ben Abdellah , Faculté des Sciences et Techniques.

(2)Jacquemond C, Curk F, Zurru R, Ezzoubir D, Kabbage T, Luro F , et Ollitraut P , 2002- "Porta-enxertos: componentes-chave de uma citricultura sustentável" , Sessão 3 . Qualidade no estaleiro.

(3) DOUYLE M.P. &PADHYE V.V., 1989. Esherichia coli Food borne Bacterial pathogens.(eds.).Mareel Dekker Inc.

DOUYLE M.P. & CLIVER D.O., 1990. Esherichia coli, D.O. Cliver (ed.) Academic.Press, San Diago, California.

(4)FARBER, J.M., 1989. Food borne pathogenic microorganisms: Characteristics of the organisms and their associated diseases .I. Bacteria. Journal of the Canadian Institute of Food Science and Technology 22 (4): 311-321.

(5)M. Oussalah, S. Caillet, L. Saucier e M. Lacroix (2007). "Effet inhibiteurs de plantes essentielles sélectionnéeshuiles surla croissance de quatre bactéries pathogènes : E. coli O157:H7, Salmonella Typhimurium, Staphylocoqueaureus et Lisaurait monocytogenes , " Food Control , vol. 18, pages 414 - 420

(6)Sabrine El Adab , Lobna Mejri , Imen Zaghbib , Mnasser Hassouna (2016) << Avaliação da atividade antibacteriana de vários óleos essenciais comerciais >> American Journal of Scientific Research for Engineering, Technology and Science (ASRJETS) Volume 26 , No 3 , pp 212 -224

(7)   Imbert E., 2005. Citrinos mediterrânicos. Fruticultura. O ponto sobre os produtos agrícolas mediterrânicos.122 :6P

(8)Loussert R., 1987-Les agrumes. Técnicas agrícolas méditerrânicas. Paris: Tech. et Doc. Lavoisier.130P

(9)Aissa Dilmi Fadhila, Chaouchi Amira(2021). Estudo microbiológico e conservação da qualidade agroalimentar de algumas variedades de citrinos cultivados na Argélia (Laranja).

(10)   Redouane BASSAID OULHADJ (2020). Extração d o óleo essencial de Lepidium sativum por vários métodos de extração [estudo do efeito do pré-tratamento no rendimento e nas características físico-químicas do óleo].

(11)   HESSAS Thafsouth & SIMOUD Sounia (2018). Contribuição para o estudo da

composição química e avaliação da atividade antimicrobiana do óleo essencial de Thymus sp.(2018)

(12) Salah Benkherara, Ouahiba Bordjiba & Ali Boutlelis Djahra(2011). Estudo da atividade antibacteriana dos óleos essenciais de Sage officinale: Salvia officinalis L. em algumas Enterobacteriaceae patogénicas.

(13) Secke C (2007). Contribuição para o estudo da qualidade bacteriológica dos alimentos vendidos na via pública de Dakar. Doutoramento em medicina veterinária. Universidade Cheikh AntaDiop.

(14) FEDALA   Nazih.., MOKHTARI Moussa.., MEKIMENE Lakhdar(2022).
Contribuição para a valorização dos dados (deglet-nour) na produção d e queijo. revista agrobiologia, 10,1918-1928.

(15) HAOUCHINE Lamia, KHENNACHE Ouardia.2017 Estudo da atividade antibacteriana de extractos de quatro plantas medicinais da Kabylie: Arbutus unedo L., Phlomis bovei de Noé, Rosa sempervirens L. e Verbascum sinuatum L.

(16) Khaled Attrassi, Qualidade bacteriológica dos citrinos (Marrocos)Revista Internacional de Ambiente, Agricultura e Biotecnologia, 5(2) Mar-Abr, 2020

(17) Alexandra MARTINS 2020. Óleos essenciais antibacterianos: o exemplo do tomilho (thymus)

(18) Peng. J , Tang J, Diane M., Shyam S., Anderson N., e Joseph R. (2015). Poderes. Pasteurização térmica de alimentos e vegetais prontos a consumir: factores críticos para a conceção do processo e efeitos na qualidade. Food Science and Nutrition, 57, 2970-2995.

(19) Deak T e Beuchat L, 1993 - Leveduras associadas aos concentrados de sumo de

frutos. Jornal de Proteção Alimentar, 56(9), 777-782

(20) Nadjib Mohamed, FERHAT Amine, KAMELI Abdelkrim (2019). MÉTODOS DE EXTRACÇÃO E DESTILAÇÃO DE ÓLEOS ESSENCIAIS. Revisão Agrobiologia, 9, 1653-1659.

(21) AFNOR (Association Française de Normalisation). (1970). Determinação do pH

(22) Lis-Balchin M., 2002, Lavender: the genus Lavandula, Taylor and Francis, Londres, p. 37, 40.

(23) Abed Soumia, Messaadia Bouchra. Estudo das propriedades físico-químicas e biológicas de Thymus vulgaris L. 19/09/2021.

(24) Fabian, D., Sabol, M., Domaracké, K., Bujnékovâ, D. (2006). Óleos essenciais, sua atividade antimicrobiana contra Escherichia coli e efeito sobre a viabilidade das células intestinais.
Toxicol. Invitro 20, 1435-1445.

(25) Paupardin C, Leddet C e Gautheret R. (1990). Genética, seleção e multiplicação. Iamelhoramento de espécies de Artemisia (Artemisia ubelliformis e E. genipi) por cultura de meristemas. J. Jap. Bot. 65, 33.
(26) Djeddi S, Bouchenah N, Settar I- Composição e atividade antimicrobiana do óleo essencial de Rosmarinus officinalis da Argélia- Química dos Compostos Naturais ; vol.43 :N)4.2007
(27) BOUALEM S, BOUMRAR Silia. Formulação de um gel desinfetante à base de óleo essencial de alecrim (Rosmarinus officinalis L) e avaliação da sua atividade antimicrobiana [Tese] Université Mouloud Mammeri Tizi Ouzou.2016
(28) Rahmouni, M.(2014). Contribuição para o estudo da atividade biológica e composição química dos óleos essenciais de duas Apiaceae (Ferula vesceritensis Coss et DR e Balanseagla berrima Desf.) Lange. Dissertação de mestrado, Université Ferhat Abbas - Sétif 1.Algérie.
(29) Abbas, N e Guerriche, F. (2016). Estudo fitoquímico do tomilho Thymus vulgaris.

L. (Lamiaceae) e avaliação inseticida do seu extrato etanólico bruto contra dois insectos, o nocivo Aphis fabea e o benéfico Apis mellifera. Tese de mestrado, Universidade M' hamed Bougara, Boumerdès, Argélia.

(30) Giordani R., Regli P., Kaloustian J., Mikaïl C., Abou L., Portugal H (2004). Efeito antifúngico de vários óleos essenciais contra Candida albicans. Potenciação da ação antifúngica da anfotericina B pelo óleo essencial de Thymus vulgaris.
Investigações Fitoterápicas, 18(12), 990-995

(31) Pina-Vaz C., Gonçalves Rodrigues A., Pinto E., Costa-de-Oliveira S., Tavares C., Salgueiro L et al (2004) Antifungal activity of Thymus oils and their major compounds. J Eur Acad Dermatol Venereol, 18(1), 73-78.

(32) Ponce A.G., Fritz R., del Valle C. e Roura S.I., 2003, Antimicrobial activity of essential oils on the native microflora of organic Swiss chard, Lebensm.-Wiss.u.-Technol.36, p.679- 684.

(33) Chabaibi A., Marouf Z., Lahazi F., Filali M., Fahim A., Ed-Dra .2016 Avaliação do poder antimicrobiano dos óleos essenciais de sete plantas medicinais colhidas em Marrocos.

(34) Cox S.D., Mann C.M., Markham J.L., Bell H.C., Gustafson J.E., Warmington T.R., Wyllie S.G., 2000.The mode of antimicrobial action of the essential oil of Melaleuca alternafolia (tea tree oil).Journal of Applied Microbiology, Vol. 88, pp 170-175.

(35) Touaibia M., 2011. Contribuição para o estudo de duas plantas medicinais: myrtus communis e myrtus nivellei Batt et Trab, obtidas in situ e in vitro. Tese de Mestrado em Biologia. Université Blida .Algérie.175 p.

(36) Suppakul P., Miltz J., Sonneveld K. e Bigger S. W., 2003. Propriedades antimicrobianas do manjericão e sua possível aplicação em embalagens de alimentos. J.Agric. Food Chem, Vol.51, pp: 3197- 3207.

APÊNDICES

Apêndice 1

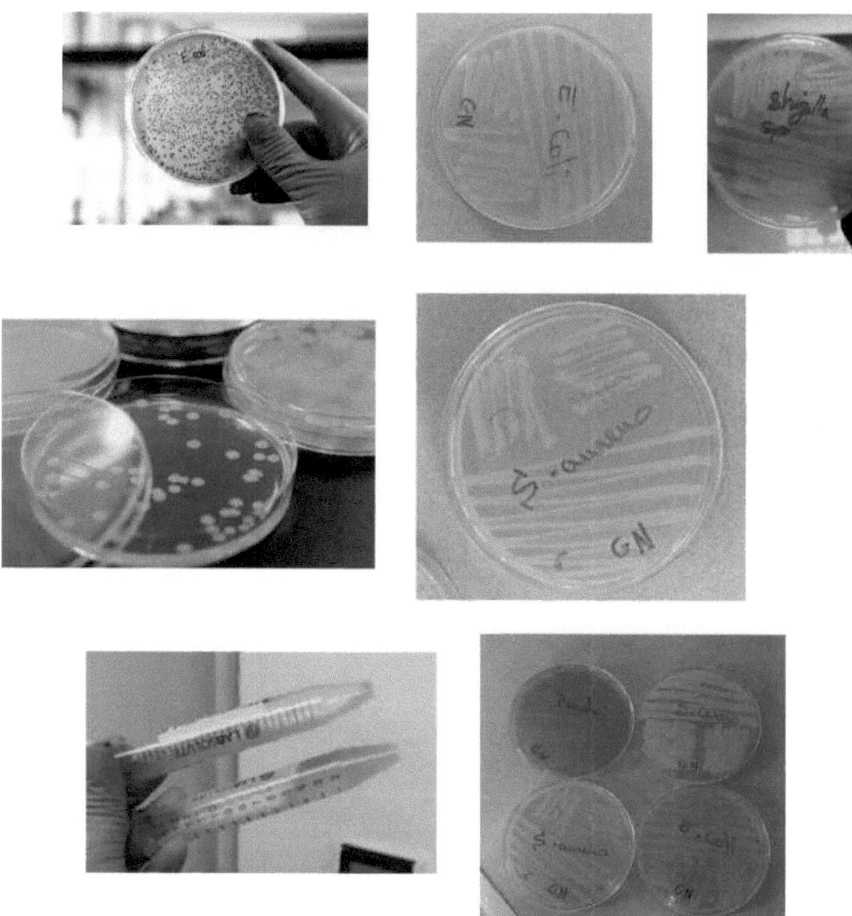

Teste da coagulase Re-isolamento de estirpes

Apêndice 2

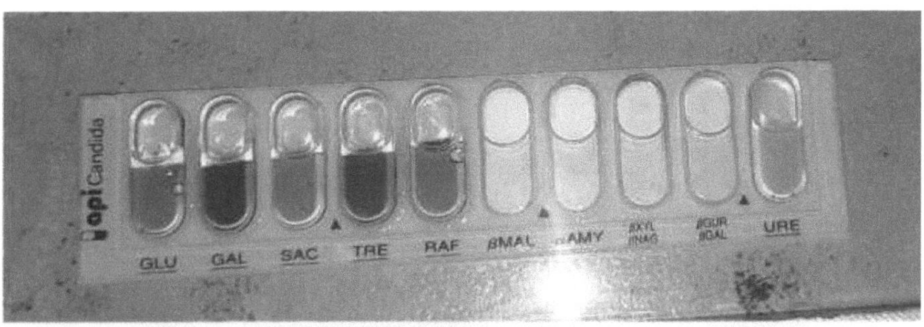

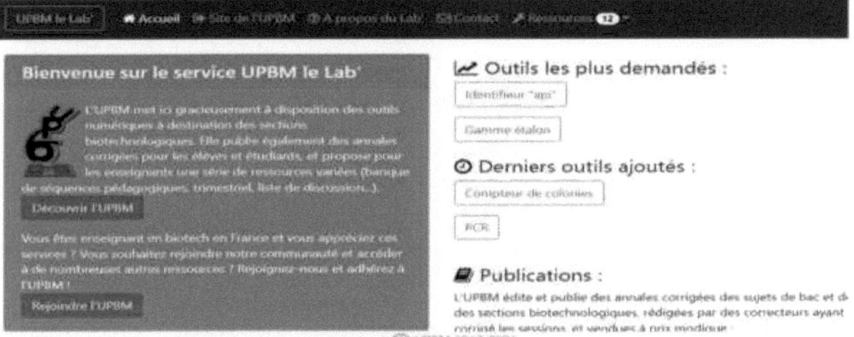

TABLEAU DE LECTURE

TESTS	COMPOSANTS ACTIFS	QTE (mg/cup.)	REACTIONS	RESULTATS	
				NEGATIF	POSITIF
1) GLU	D-glucose	1,4	acidification (GLUcose)	violet gris-violet	jaune vert / gris
2) GAL	D-galactose	1,4	acidification (GALactose)		
3) SAC	D-saccharose	1,4	acidification (SACcharose)		
4) TRE	D-trehalose	1,4	acidification (TREhalose)		
5) RAF	D-raffinose	1,4	acidification (RAFfinose)		
6) βMAL	4-nitrophényl-ßD-maltopyranoside	0,08	ß-MALtosidase	incolore	jaune pâle-jaune vif
7) αAMY	2-chloro-4-nitrophényl-αD maltotrioside	0,168	α-AMYlase	incolore	jaune pâle-jaune vif
8) βXYL	4-nitrophényl-ßD-xylopyranoside	0,095	ß-XYLosidase	incolore-jaune très pâle / bleu / vert **	jaune pâle-jaune vif
9) βGUR	4-nitrophényl-ßD-glucuronide	0,063	ß-GlUcuRonidase	incolore / bleu / vert	jaune pâle-jaune vif
10) URE	urée	1,68	UREase	jaune-orange pâle	rouge
11) βNAG (dans tube n° 8) *	5-bromo-4-chloro-3-indoxyl-N-acétyl-ßD-glucosaminide	0,09	N-Acétyl-ß-Glucosaminidase	incolore / jaune	bleu / vert **
12) βGAL (dans tube n° 9) *	5-bromo-4-chloro-3-indolyl-ßD-galactopyranoside	0,0615	ß-GALactosidase	incolore / jaune	bleu / vert

* Les tubes 8 et 9 sont bifonctionnels :   tube 8 : βXYL (test n° 8) / βNAG (test n° 11)
tube 9 : βGUR (test n° 9) / βGAL (test n° 12)

** Toute trace verte dans la cupule 8 = βXYL (–) βNAG (+)

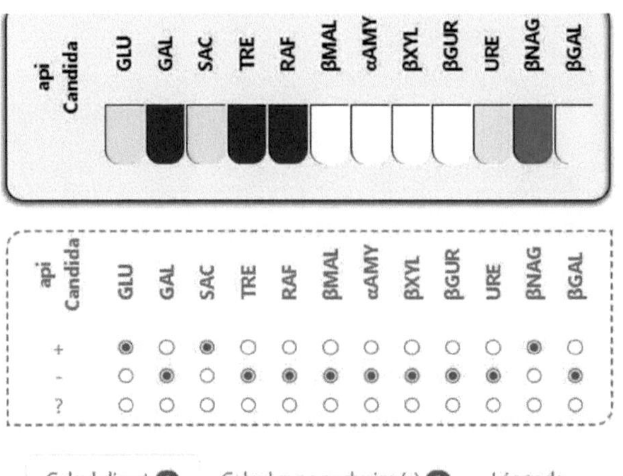

Calcul direct ❶   Calcul avec exclusion(s) ❽   Légende

Les calculs proposent (cliquez sur 🔍 pour voir les détails du profil) :

1. **Trichosporon spp 2** 🔍 avec une probabilité de 99.9 % (excellente identification)

99.9%

Les taxons ayant une probabilité trop faible (< 5%) sont éliminés

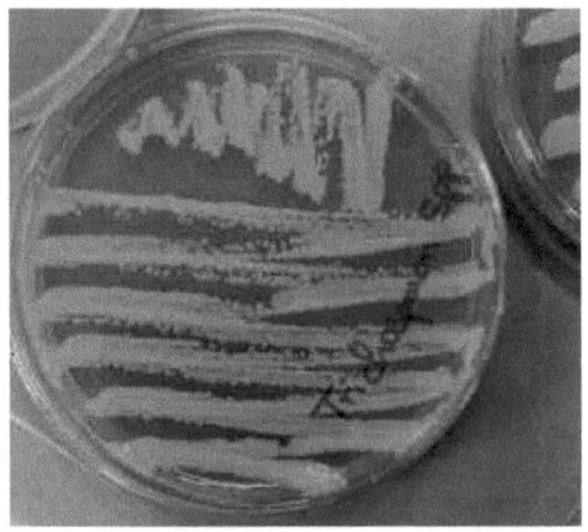

Trichosporon spp

Buy your books fast and straightforward online - at one of world's fastest growing online book stores! Environmentally sound due to Print-on-Demand technologies.

Buy your books online at
www.morebooks.shop

Compre os seus livros mais rápido e diretamente na internet, em uma das livrarias on-line com o maior crescimento no mundo! Produção que protege o meio ambiente através das tecnologias de impressão sob demanda.

Compre os seus livros on-line em
www.morebooks.shop

Printed by Books on Demand GmbH, Norderstedt / Germany